積極活好腎病

U0118277

積極活好腎病

李錦滔
香港中文大學醫學院榮譽內科教授

威爾斯親王醫院內科顧問醫生

香港內科醫學院院長

周啟明
威爾斯親王醫院內科顧問醫生及內科部門主管

香港腎科學會主席

羅民貞
醫院管理局新界東醫院聯網腎科顧問護師

香港中文大學兼任導師

吳傑聰
威爾斯親王醫院內科副顧問醫生

香港中文大學榮譽助理教授

香港中文大學出版社

《積極活好腎病》
(《腎延敏行：積極面對慢性腎病》修訂版)

　　李錦滔、周啟明、羅民貞、吳傑聰　著
　　李錦滔　攝影
　　許雲媖　插圖

© 香港中文大學 2022

香港中文大學余宇康及余雷覺雲腹膜透析研究中心及
全球華人腎臟病學會支助出版。

國際統一書號 (ISBN)：978-988-237-264-1

出版：香港中文大學出版社
　　　香港 新界 沙田 · 香港中文大學
　　　傳真：+852 2603 7355
　　　電郵：cup@cuhk.edu.hk
　　　網址：cup.cuhk.edu.hk

Living Well with Kidney Disease (in Chinese)
(Revised Edition of *Living Positively with Chronic Kidney Disease*)
　　By Philip K. T. Li, K. M. Chow, M. C. Law and K. C. Ng
　　Photographs by Philip K. T. Li
　　Illustrations by Winnie Hui

© The Chinese University of Hong Kong 2022

Supported by CUHK Carol & Richard Yu Peritoneal Dialysis Research Centre and
International Association of Chinese Nephrologists.

ISBN: 978-988-237-264-1

Published by The Chinese University of Hong Kong Press
　　　The Chinese University of Hong Kong
　　　Sha Tin, N.T., Hong Kong
　　　Fax: +852 2603 7355
　　　Email: cup@cuhk.edu.hk
　　　Website: cup.cuhk.edu.hk

Printed in Hong Kong

獻給

所有腎病患者和家人
及悉心照顧他們的醫護人員

陳肇始 序

 根據2020年的數據，腎病是本港第6號致命疾病。若不及早治療，腎病可演變成腎衰竭，威脅生命。

特區政府一直透過公立醫院為腎病患者提供適切治療，包括飲食治療、藥物治療、腹膜透析、血液透析服務等。病情嚴重的患者，則有需要接受腎臟移植。現時，正在輪候器官移植的病人當中，超過八成都是等候腎臟移植。為喚起公眾對器官捐贈的關注，特區政府在2016年發布《器官捐贈推廣約章》。有賴市民及社會各界熱烈響應，現時中央器官捐贈登記名冊（www.codr.gov.hk）的人數已超過34萬人，雖然這仍不足夠，但已經為腎病患者及其家庭帶來曙光。

「預防勝於治療」——特區政府在2018年推出《邁向2025：香港非傳染病防控策略及行動計劃》，鼓勵市民奉行健康的生活模式，包括注重飲食、多運動及遠離煙酒，以預防及控制血壓和糖尿病，從而減低患上腎病的風險。

《積極活好腎病》的內容專業又有系統地介紹腎病的種類和成因，剖析不同藥物和治療方案，並為患者日常生活送上錦囊，幫助他們建立自我管理及康復的信心，內容極具參考價值。本書亦透過幾位過來人分享親身經歷，鼓勵各位病友以正面樂觀的態度、堅毅不屈的意志面對腎病，善用社區支援網絡，積極踏上復康之路，跨越生命中的難關和挑戰。

　　我相信大家在書中會找到很多有用的資訊，同時祝願病友早日康復，擁抱豐盛人生。

陳肇始

食物及衞生局局長

高拔陞 序

　　現時醫院管理局（醫管局）有一萬多名末期腎衰竭病者，需要長期接受腎臟替代治療，包括血液透析、腹膜透析，或者等待一個腎臟移植機會延續生命。為了讓更多有需要的病人獲得血液透析服務，醫管局透過「共析計劃」，以公私營合作模式，增加血液透析服務名額。另於2021年，醫管局成功進行全港首宗腎臟配對手術，讓兩個等候換腎的家庭，在各自家屬與其患病家人血型或組織型抗原不腦合捐贈的情況下，進行交叉配對，是本港醫療發展的一大里程碑；對末期腎衰竭病人，能夠有多一個重生的機會，更是一大喜訊。

　　對於飽受腎病折磨的病人來說，漫長的治療過程無疑令他們承受著沉重的壓力，因此支持他們積極生活下去非常重要。醫護人員除了提供適切的治療，亦會向病人提供教育及講解，並就飲食、運動和服藥等方面作出建議及指示，以控制病情。過往我在處理臨床職務時，亦曾遇過不少腎病病人備受病情困擾，深切體會到

不但要盡力醫治病人，更要關顧他們的心靈需要，培養他們的自理能力，讓他們有尊嚴地生活。

《積極活好腎病》這本書深入淺出地向大眾介紹腎病的治療及常用藥物，並解釋病人在日常生活中需要注意的大小事項；同時貼心地為不同組別的腎病病友，如兒童、長者、女性、糖尿病患者等，提供相應的護理資訊，照顧者必有所得。書中亦載有病友的分享和啟悟，互勉勇敢面對逆境。

衷心感謝李錦滔教授、周啟明醫生、羅民貞女士與吳傑聰醫生，以及一眾醫護人員合力撰寫這本書，除了提供豐富務實的資訊，亦勉勵病友以積極樂觀的態度面對逆境。在此，祝願各位腎病病友，早日戰勝疾病，重拾健康生活！

高拔陞
醫院管理局行政總裁

林文健 序

　　腎臟是人體的重要器官，與我們的健康息息相關。慢性腎病損害腎臟功能，導致各種嚴重健康問題，甚至死亡。慢性腎病亦在全球構成日益嚴重的公共衛生問題，香港亦無法幸免：本港每天有超過2,000名腎衰竭患者在等待腎臟移植，情況令人關注。

　　針對腎病問題，政府採取多項措施，例如加強上游預防工作，並透過促進健康生活以降低糖尿病和高血壓的風險，致力減低慢性腎病及相關併發症的發病率。為幫助有需要的患者能及早重獲新生，衞生署更設立中央器官捐贈登記名冊，方便有意捐贈器官的市民自願登記，為他人燃點希望，遺愛人間。

　　慢性腎病患者須長期接受治療及護理，身心均受煎熬，亟需支援及充權，方能在追求康復的崎嶇長路上堅持到底。由李錦滔教授、周啟明醫生、羅民貞護師及吳傑聰醫生合著的《積極活好腎病》，正是腎病復康長路上的一盞明燈。本書以深入淺出的方式詳述腎臟功

能、各種腎病、治療方法、病友分享等資料及知識，全面顧及腎病患者和身邊相關人士的各種需要，內容極具參考價值。所有關注健康的人士，特別是腎病患者或他們的照顧者，均可從中獲益。

本書作者以助人為念，無私獻出心血結晶為病人充權，促進腎病治療和康復工作，宅心仁厚之處，實在令人由衷敬佩。在此感謝李教授、周醫生、羅護師及吳醫生合著專書，協助對抗腎病的工作。我深信讀者定能從本書各取所需，在治療和康復路上無所畏懼，戰勝頑疾，積極活好腎病。

林文健

林文健
衞生署署長

陳家亮 序

腎病是香港第6號致命疾病。[1]
面對腎病來襲，病友或照顧者難免
感到徬徨無助，當中的擔憂、焦慮
及壓力實不足為外人道。

常言道：「上醫醫國、中醫醫
人、下醫醫病」，每位為醫者都不
獨希望「醫病」，更致力懂「醫人」。醫生不僅要盡心盡
力對待每個病人，減輕他們肉體上的痛苦，更應顧及
病者和家人心靈上的需要。

多年來，香港中文大學醫學院都積極地與威爾斯
親王醫院合作，期望透過結合科研和臨床，改進腎病
的治療及照護，切實地幫助腎病患者和家屬。

腎病是長期病患，可以影響日常生活起居。說到
底，醫護接觸患者及家屬的時間有限，如能幫助他們接
受患病的事實、深入了解病症、學懂應對腎病帶來的改

1　衛生署衛生防護中心：http://www.chp.gov.hk/tc/data/4/10/27/380.html

變、掌握照顧方法、並且積極生活，與疾病共存，這種「助人自助」的精神，也是「醫人」的其中一道良方。

李錦滔醫生是中大醫學院的名譽教授，李教授和他的團隊利用工餘時間，合力撰寫《積極活好腎病》一書，集結他們豐富的臨床經驗及知識，由淺入深，講解腎病的種類、起因及中西醫藥的治理方法。更特闢章節，希望透過對日常生活的建議及同路人的心聲分享，讓病友及照顧者找到努力的方向。對渴望加深認識腎病的人士來說，實為上佳的讀物。

我深信此書能向病患和照顧者傳遞知識，增強他們戰勝疾病的信心及力量，猶如點亮一盞明燈，醫患攜手，在這個未知的旅程上，一同前行，互相扶持。

陳家亮

陳家亮
香港中文大學醫學院院長
2022年春

鄭信恩 序

　　腎病是全球非常常見的疾病之一，到2040年，預計將成為全球第五大死亡原因。現時香港有近10,000名末期腎衰竭患者，隨著腎病的誘發因素如糖尿病及高血壓在成年人口中普遍存在，這數字仍會不斷上升，情況非常值得關注。

　　雖然腎病是一個日益嚴重的公共衛生問題，但絕大部分人對其認識仍然非常不足。很高興威爾斯親王醫院腎科醫護運用他們深厚的臨床經驗及知識，在繁忙工作中抽空為病友撰寫一部實用腎病工具書。書中深入淺出地講解不同種類腎病的疾病知識、日常須知、治療選擇、中醫治療等有用資訊，令患者可在診症室以外增進相關知識，與醫護討論病情時更能暢通無阻；在日常生活中亦能更成功地做好疾病管理，保持良好生活質素，活出積極人生。

　　我深信這本書會成為腎病病友的良伴，我亦藉此機會，再一次感謝威爾斯親王醫院腎科同事、香港中文大

詢醫護人員的專業意見，也會在網上搜尋與腎病有關的資訊。可惜網上訊息良莠不齊，即便是具一定教育程度的專業人士，理解以至運用這些訊息亦難免感到吃力。

踏入2022年，李錦滔教授帶領他的團隊，除了在前線醫治腎病病人之外，還在工餘騰出時間撰寫新書《積極活好腎病》。新作稟承上輯，以簡單易明的文字，輔以惟肖惟妙的插畫，深入淺出地向讀者介紹腎臟的功能，各類腎病的癥狀，透析治療的選擇，以至日常生活和服用藥物的須知。作者們憑藉豐富的臨床經驗，不但向病人及其照顧者提供了可靠的資訊，務求「填補認知不足」，更藉由「過來人」的經歷(病人心聲)，勉勵病友保持積極態度來面對腎病。而此書的電子版本亦可讓華人腎病患者閱覽，這正顯示出作者對提升全民「健康素養」的願景，也體現了整個醫療團隊對病人教育的責任感及使命感。

最後，在此祝願香港及全球能夠早日走出新冠病毒的陰霾，各位腎友能夠積極活好腎病，復康豐盛人生！

余宇康
全球華人腎臟病學會高級顧問

陳江華 序

　　腎臟病是常見的慢性疾病，近年來中國人群中慢性腎臟病的患病率已高達10.8%。隨著人口老齡化和糖尿病、高血壓等疾病的高發，腎臟病患病率還將進一步上升。眾所周知，罹患腎臟病對患者及其家庭帶來許多痛苦和煩惱，救治眾多腎臟病和尿毒症患者對社會造成沉重的經濟和醫療負擔。教育患者正確認識和面對腎臟病，有望減輕患者身心痛苦、避免或延緩腎臟病進展，是一件具有重大社會意義和價值的事。

　　最近，香港腎臟病界諸君完成了《積極活好腎病》一書。此書涉及腎臟病的基礎知識、急性和慢性腎臟病、腎臟替代治療等，內容豐富、淺顯易懂。尤其值得稱道的是，此書體現了對患者非常高水準的人文關懷，介紹了腎病患者的日常生活、常用藥物和其他常見問題，專門設置了「病友心聲」章節，並提供了許多其他有用的資料。

對腎病病人的治療成果。到 2022 年，這次兩個學術組織一起合作出版《積極活好腎病》，希望能夠幫助到香港及全世界可以看懂中文的腎病病人。

　　當了多年世界腎臟日國際督導委員會聯席主席，我非常著重病人的自我照顧，提升生活質素及預後，希望這本書可以更加幫助到病患及其家人，加強自我管理腎病病情的能力。

　　香港的腹膜透析優先政策及家居血透發展，都成為全球腎病專家的仿效典範。我希望本書能夠讓病人在家居透析的治療過程中作到更好，亦可以活好腎病，過平常人一樣的生活。

李錦滔

李錦滔
香港中文大學余宇康及余雷覺雲腹膜透析研究中心主任
全球華人腎臟病學會會長
2022 年於香港

引言

2013年，當時我們寫《腎延敏行》的引言的第一句是：「這是一個新型傳染病得到高度關注的年代。」想不到，在2022年為《積極活好腎病》寫引言時，新冠肺炎已經影響了香港及全世界，足足超過兩年時間。然而，在傳染病影響我們日常生活的同時，慢性病的影響卻完全沒有減低。隨著人口年齡老化，市民普遍很容易患有多種慢性病，我們對腎病的關注只有增加。

根據香港醫院管理局2021年腎病註冊，接受腎臟替代治療的病人已經超過10,000名，需要接受透析治療的病人已經超過6,900名。

這幾年，香港末期腎病的每年新症患者，已經增加至每100萬人便有190名新症病人。這是令人憂慮的數字，亦反映到我們醫療界聯同市民在預防慢性病及慢性腎病仍有很多工作。

希望本書可以幫助減少腎病患者的數目。預防勝於治療，從現時的醫療角度，預防是多層面的：包括第一層減低市民患有腎病的可能；第二層是預防那些已經患了初期腎病的病人病情進一步惡化至末期腎病；第三

層的預防主要關注末期腎病及需要接受透析的病人，減低其癥狀及併發症的可能。希望本書從這三方面都可以幫助家人及患者，使他們更加容易治理病人的腎病。

這幾年，在藥物醫治腎病方面有很多新突破，包括糖尿病腎病及其他慢性腎病，這本書希望能夠在這方面令病人更加了解自己的治療方案。家居透析，無論是腹膜透析或家居血液透析都是現今香港及全球治療末期腎病的方向，使更多病人的預後及生活質素有改善。與此同時，我們明白西方醫學在照顧腎病患者也有限制，是故本書特地加入一章談及中醫治病，讓讀者了解各方面的配合。

「積極活好腎病」——意思就是病人可以保持生活參與、過和平常人一樣的生活，包括工作、讀書、娛樂、飲食、社交、運動、旅遊等。每個患者的治療過程都需要醫護人員、社工、營養師、專職醫療人員、家人、病友等人士的幫助，本書亦找來他們一起為腎病病人及家人解釋怎樣活好腎病。

我們一向都熱衷推廣器官捐贈，提升腎臟移植率。香港開始了腎臟交叉捐贈計劃，希望藉此可以令更多腎病患者及早得到移植的機會。在此再次呼籲更多市民參與捐贈器官計劃，包括登記同意死後器官捐贈，幫助更多病人。

李錦滔、周啟明、羅民貞、吳傑聰
2022年春

鳴 謝

作者感謝威爾斯親王醫院腎科部的全體醫護人員一直悉心照顧所有腎病病人，本書內容很多都是在治療時所累積經驗的記錄及科研的成果。

本書第9章關於兒童患者章節，得到兒童醫院兒童腎科馬立德醫生、何梓瑋醫生、賴偉明醫生協助編寫。第16章關於中醫治療章節，得到東華醫院腎科雷聲亮醫生協助編寫。第8章關於末期腎病的紓緩治療章節，得到北區醫院莫家慧醫生協助編寫。在第14章腎病患者的日常生活章節中，關於腎病患者的飲食部分，有賴威爾斯親王醫院營養部同事協助撰寫並加上精緻的食物圖片；腎病患者的運動部分，得到威爾斯親王醫院物理治療部同事協助編寫並加上精美的運動照片。全書生動亮麗的插圖，由許雲媄小姐量身而畫。對以上各位的幫忙及貢獻，我們致以萬分謝意。

在病友心聲章節，得到浩維、淑芬、少良、慧雲、Thomas的表達，與大眾和其他病人的分享，非常感激。

得到香港中文大學出版社的同事，特別是冼懿穎女士的幫忙，本書才可以順利如期出版，十分多謝。

我們亦感謝全球華人腎臟病學會執行委員的支持，令他們的腎病病人可以閱讀這本書的電子版，促進他們的身心健康。

對陳肇始教授、高拔陞醫生、林文健醫生、陳家亮教授、鄭信恩醫生、余宇康教授及陳江華教授的寶貴意見及支持，衷心感謝。

李錦滔、周啟明、羅民貞、吳傑聰
2022年春

鳴謝

積極活好
腎病

腎臟功能

人體血液不停流經腎臟，
而每邊腎臟約100萬台過濾器，
會將過剩的產物或廢物隔掉。

Philip Li

第 1 章 腎臟功能

腎臟功能

　　腎臟屬於泌尿系統的器官，每個人有兩個腎臟，每個腎大約拳頭那麼大，位於肋骨下方及腹部深處。

　　我們的腎臟功能眾多，但主力是從事清道夫的工作，從血液中清除體內的毒素和多餘的水分，維持體內各種物質（如鈉和鉀）的平衡。此外腎臟也有內分泌功能有助於控制血壓、產生紅血球和保持骨骼健康。

身體過濾器簡述

- 身體內各器官會產生多樣廢物，其中尿素屬於蛋白質的主要分解產物。

- 人體血液不停流經腎臟,而每邊腎臟約100萬台過濾器會將過剩的產物或廢物隔掉。
- 每天約有1,500升的血液流經腎臟,最後排出大約1.5升的液體。
- 換句話說,每30分鐘你的腎臟便將全身的血液過濾一次。
- 這些由腎臟過濾後產生的廢物會隨小便排出來。
- 下次如廁小解後除了洗手以外,別忘記跟每邊腎臟的100萬台過濾器說聲謝謝啊。

腎臟的其他角色

簡單來說,人的腎臟就是和平使者。身體各部門井井有條得以融洽相處,腎臟應記一功,好像電解質平衡,要是進食過多磷質,身體血液的磷質水平不會出現過高,皆因正常的腎臟會自行調節排泄多餘的磷質,況且腎功能若稍有損害的現象時也有一定的補償能力,額外加班工作,維持身體的內環境穩定。

身體的鉀質和酸鹼平衡也如是,只要腎功能沒有太多障礙,人體的鉀質和酸鹼值一般不會超出正常值。

可是,腎臟參與排泄代謝廢物的能力不可以無休止加班,腎功能衰竭嚴重時便會出現血肌酸酐(詳閱第2及第3章)、尿素、磷質和鉀質數值明顯上升的情況,呈現調節水分及電解質和酸鹼平衡等方面的紊亂癥狀。

02

急性腎損傷

一般來說，急性腎損傷的成因可分為：
腎前性（泛指腎臟缺少血液供應），
腎因性（泛指腎臟直接受損）
和腎後性（泛指泌尿道阻塞）。

Philip Li

第 2 章 急性腎損傷

我的腎真的「受傷」了？

　　也許大家對「急性腎損傷」一詞相對覺得陌生 (不要誤會，這裏説的不是物理性的創傷呢！)。以往醫學界常用的「急性腎衰竭」，通常是指腎功能在短期內急遽下降，病人或有需要接受急性透析治療，俗稱「洗腎」。然而，近年改善全球腎臟病預後組織 (Kidney Disease Improving Global Outcome, KDIGO) 重新制定定義，發現較輕微的急性腎功能下降與住院時間和存活率也有明顯關聯，因此將嚴重和輕微的腎功能下降歸納為「急性腎損傷」。

　　其實，急性腎損傷並不罕見。在 2012 至 2013 年間，香港威爾斯醫院約 13 萬的入院人次中，大約 9.1%

的人次便與急性腎損傷有關。此病於重症病者更為常見：50%至60%的深切治療部病人也有不同程度的急性腎損傷。因此，第八屆國際腎臟日亦以「防止急性腎損傷」為主題，可見急性腎損傷的重要性不容忽視，需要及早預防和治療。

我會患上急性腎損傷嗎？

以下是一些導致急性腎損傷的風險因素：

- 年老 (腎功能下降，亦比較容易患上慢性疾病)
- 糖尿病
- 慢性心臟病
- 肝硬化
- 癌症
- 感染
- 使用「傷腎」藥物，例如某些消炎藥、抗生素和顯影劑 (詳見下文)
- 手術後

急性腎損傷的成因

一般來說，急性腎損傷的成因可分為：

急性腎損傷有什麼病徵

初期的急性腎損傷並無明顯病徵。有些病人的小便會明顯減少，或是排尿時感到困難、刺痛；另外有些會感到噁心、暈眩。嚴重腎損傷的病人可能會併發肺水腫及高血鉀症，引起呼吸急促，下肢浮腫，甚至神智不清。

急性腎損傷可以怎樣診斷？

除了知道病人的病史，以及近來有否使用腎毒性藥物之外，醫生還需要抽血檢查血液裏的肌酸酐 (plasma creatinine) 來評估腎功能。若肌酸酐超過病人平常的數值 1.5 倍 (正常的肌酸酐值約為 53–106μmol/L)，那就是初期的急性腎損傷。此外，醫生亦會檢驗血液的電解質 (尤其是鉀質，因急性腎損傷併發的高血鉀症有機會引起心律不正) 和酸鹼度失衡，以及小便裏有沒有異常的紅血球和白血球。有需要時，醫生或會安排超聲波來排除泌尿道的堵塞。

預防與治療

　　要預防急性腎損傷，首要的就是要補充足夠水分，避免缺水。另外在使用止痛藥時，應減少使用非類固醇類消炎藥，或在藥房購買成分不明的止痛藥；反之，病人可考慮必理痛這一類不損傷腎臟功能的止痛藥。如有需要進行影像掃瞄，也可向醫生查詢除電腦掃瞄以外的選擇（如超聲波或磁力共振）。

　　治療方面一般是支持性，醫生會考慮輸液來保持病者的水分及養分充足，及確保腎臟的供血量。醫生亦會用藥去糾正電解質失衡。大部分的急性腎損傷經治療後會逐漸康復，但有些嚴重的病人，如小便持續減少，出現尿毒症、肺水腫，就可能要短暫接受透析治療（俗稱「洗腎」）。

急性腎損傷

慢性腎病

為什麼慢性腎病會構成重大的健康危機？
其中最主要的原因乃
慢性腎病患者的心血管疾病
發病率和死亡率比一般人高。

Philip Li

第3章 慢性腎病

慢性腎病的診斷

腎的小毛病通常不會引起腎臟功能衰退，好像尿道炎一般不會造成永久性腎臟功能衰退，但假若出現其他病變（例如泌尿系統因前列腺發大受阻塞），腎臟功能便可能逐漸喪失。

腎功能衰竭或快或慢。醫學上分急性和慢性兩種，主要分別於衰竭的速度、致病的原因和衰竭持續時間。

顧名思義，急性腎功能衰竭指腎臟突然在幾小時或幾天內停止工作，原因包括嚴重休克、尿道受阻塞及藥物副作用，只要成功找出罪魁禍首，適當處理，在大多數情況下腎臟幾星期內可恢復功能，但也可以引起慢性腎功能衰竭（參考第2章）。

常見慢性腎病成因包括糖尿病腎病、腎小球發炎、高血壓、遺傳性腎病、阻塞性腎病及長期服用「傷腎」藥物等。

　　慢性腎功能衰竭代表腎臟慢慢停止工作，衰竭持續不少於三個月，又稱腎功能不全。為記錄腎功能衰竭程度，醫生會根據腎小球過濾率（glomerular filtration rate, GFR）來計算腎功能，情況如估計過濾器或汽車的馬力，馬力愈慢，功能衰竭的程度愈嚴重。由於正常人腎小球過濾率大約為每分鐘100毫升，較方便簡易的說法是用100來做分母從而表達多少成的腎功能，比如病者的腎小球過濾率只餘下每分鐘30毫升，那麼他的腎功能便算三成。

　　至於如何量度腎小球過濾率，最常見的方法是通過測量血液中的肌酸酐（serum creatinine）值，然後用這個數字來估計腎小球過濾率（這樣估計出來的腎小球過濾率通常可見於常規血液化驗報告）。醫生可借助腎小球過濾率的增減來評估腎病的發展，腎小球過濾率陸續減少，意味著腎病問題惡化。要是腎小球過濾率上升，表示腎功能有改善。穩定的腎小球過濾率則代表病情穩定。反過來說，由於血液肌酸酐值與腎小球過濾率的關係呈反比，血液肌酸酐值愈高表示腎功能愈差。

　　慢性腎功能衰竭與急性情況不同，大多數患者初期皆沒有明顯的癥狀，待腎組織長期受損以致腎功能少於

謹記及早發現慢性腎病

不及早發現的慢性腎病，最壞的後果是導致腎功能完全喪失。另一相關的風險是心血管疾病：慢性腎病患者可死於心血管疾病（冠心病、腦血管疾病、周邊動脈疾病、心臟衰竭）。

有些慢性腎病在病發初期如果可以及早治療，是可以預防或減慢腎功能衰竭的。較有效的治療是停止抽煙、監測和控制血壓、用藥物減低尿蛋白量。有時候腎科醫生須進行腎組織檢查，用以斷定腎病的原因，方可對症下藥。

04

適應期

大部分腎病患者都會學懂
與腎病共存的技巧，
透過適當的治療和改變生活方式，
逐漸回復正常生活。

第4章 適應期

　　在治療腎病時所遇到的問題及感受，相信對你是一項挑戰。

　　其實，不單是腎病，任何疾病對人都會有影響。然而，在我們多年與腎友同行的經驗中，我們見證了無數腎友的成功例子。很多腎友都經過不同階段，而且已經重新適應及回復正常生活，再次享受人生。

　　正向心理是腎病患者不可或缺的朋友：一項大型研究使用共88萬位歐洲人的大數據，發現心理健康與腎臟功能之間的因果關係，指出抑鬱症狀是導致腎功能損害的重要因素。換句話說，具有高抑鬱症狀的人腎功能下降更快。

　　很多時候在接受治療中，病者會感到憤怒，特別是對自己、家人，甚至是醫護人員，而且對往後的透析治

療及手術過程感到畏懼。這是一種自然的情況，過一段日子後，這種感受會被沖淡，同時，與其他病友分享經驗，對人對己均有幫助。

腎病患者可能面對的另一個困難，就是與家人相處。患病後，家人會認為病者身體較孱弱、沒精打采及煩躁。在某些情形下，病者在家庭中的角色，可能會有所更改。由此，病者會對家人產生怨恨及敵意，更形成了隔膜。若能彼此了解、忍耐及關懷，困難便能解決。

其實，當病者認識自己的感覺和反應後，在面對困難時，便可以作出適當的選擇，幫助自己以最短的時間作出心理上的調節。只有這樣，病者才可以繼續正常生活以及重新計劃將來。

我實在難以接受我有嚴重腎病，甚至需要「洗腎」，我該怎麼辦？

當醫生告訴你患上嚴重腎病時，你可能不會相信或拒絕接受這事實，這是一種自然的反應。但長時間停留在這階段，會阻礙你接受治療，影響你的健康。因此，當你明白這心理反應後，便應下定決心，盡快越過障礙，作出適當選擇，以幫助自己接受適當的治療。

此外，工作也是問題之一。有些患者能保持原有的工作崗位，有些則不能，例如需要體力勞動或工作時間較長的職業，病人往往不能勝任。能夠復職的，亦可能會失去晉升機會或退任較清閒的工作，令其失去對工作的滿足感。其實，不少末期腎病的病人，仍然可在工作中獲得擢升，亦可以用空閒時間，學習一些以前沒有時間做的事情。

個人嗜好及餘暇活動，也會受到影響。不過，我們都鼓勵病人去做運動。如行山、太極、乒乓球、門球等都很適宜。患病初期，病者可能會感到憂慮、心不在焉，或精神不集中，甚至連閱讀或看電視節目，亦可能會失去興趣。

性生活也是一個問題。慢性疾病會令病者減低對性的慾望，而慢性腎病亦會限制某些性活動的進行。因此，可能會在配偶之間產生煩惱，幸而，這樣的情況在經過成功的治療後便會有所改善。

病人很多時候會感到困擾、緊張或沮喪，因為以前能做到的現在有力不從心之感，而這些不快的情緒將會影響病者做事的效果。

閱讀這篇文章後，有些患者可能感到氣餒，但這確實是部分嚴重腎病病人要面對的問題。受情緒困擾的程度會因人而異，但通常經過四至六個星期的治療後，病者的感覺會有好轉，並開始慢慢適應及接受，而各種困難會迎刃而解，積極地活好腎病。

輔助資源

香港很多醫院都設有腎科中心來治療末期腎病患者。通常以醫生為首，與一些醫護人員及相關人士等組成一小組，分別替病人解決不同的問題。

若有情緒上的困擾，可請教相關醫護人員，與他們分享。此外，小組有專業人員負責輔導工作。很多腎科中心的團隊包括有社會工作者、物理治療師、職業治療師、營養師、心理學家及精神科醫生等。他們不但有豐富的經驗，而且樂意去協助解決病人的困難。

家人的支持是對病者最有力的幫助，此外與其他腎病患者分享感受與經驗時，病人自己也會得到支持與安慰。

很多病人都會與其他病人及其他患者家人交往，彼此幫助，解決問題。香港腎科學會及一些腎病患者的自發性組織，如威爾斯親王醫院的「腎康會」都提供一些活動來增加腎病患者的互相聯繫及了解。這些病人組織包括了正在透析及已換腎的病人，他們的經驗可幫助一些新腎病患者更明白及適應將要面對的問題；他們提供的康樂活動亦可促進患者身心健康。

世界各地的腎科組織都有聯繫，可互相幫助病人的需要，當你在海外旅遊時，或需要在途中接受透析治療，請及早垂詢有關資料。

總括來說，腎病患者應了解治療方案及其限制，從而制定生活的指標，適應環境，亦能繼續享受人生。

05

透析治療

現在全世界的洗腎中心
都提倡及推崇家居透析，
包括家居腹透及家居血透，
以改善末期腎衰竭病人的身心康復。

Philip Li

第 5 章 透析治療

　　自從上世紀六十年代醫護人員開始利用人工腎臟來醫治腎衰竭的病人後，至今已獲得很大的成就，令無數腎病患者受惠。透析治療簡稱為「洗腎」，可分為腹膜透析(俗稱「洗肚」)和血液透析(俗稱「洗血」)，2021年在香港大約有超過6,900人接受定期的「洗腎」透析治療，有些人是在等候腎臟移植，其他少數人則藉由透析作為永久的腎臟替代治療方法。

　　剛開始當病人聽到需要進行透析治療時往往會感到驚愕，但只要開始接受治療，患者會發覺它比想像中容易，不難明白其中要點及精通其技術。最重要的是：透析病人想維持良好生活，得小心處理透析治療及保持良好飲食習慣。

一、腹膜透析

俗稱「洗肚」的腹膜透析，是借助人體腹腔內一層薄膜（即腹膜）來進行透析。要用一條特殊導管將透析液（俗稱「洗肚水」）引進肚子，這些透析液會收集血液中的廢物及多餘的鹽和水，然後經由喉管從肚子排出。

腹膜這層比衣料更薄的膜，佈滿了微血管，具半透膜的特性；這正是透析過程的機關，人體內的廢物會穿透腹膜上的血管壁、內皮細胞、間質組織、間皮細胞、腹腔，從而滲入腹腔內的透析液，多餘的水分便經由滲透作用排出。

正式開始腹膜透析之前，醫生必須把一條導管（Tenckhoff catheter）植入腹部的腹腔。這條導管是由柔軟而有彈性的矽橡膠造成，導管末端有多個小孔，以允許液體流入和流出。在植入導管手術的過程中，醫生一般會給予病人鎮靜及止痛藥，並於肚臍對下的位置給予病人局部麻醉藥，會在該處開一個約5釐米長的傷口，當見到腹膜時，醫生會將導管的一端穿過腹膜放進腹腔內。而導管的另一端會橫向地穿過皮下脂肪，在距離傷口約5釐米處（稱為導管口）伸出體外。醫生會將塑料或鈦製成的連接器置於導管遠端，並連接另一個矽橡膠管，後者稱為外接短管或中間喉（transfer set）。萬一導管系統的遠端不慎受到污染，可將外部短管／中間

喉更換，無需通過手術更換整個導管。當醫生將傷口縫合好，手術便告完成。整個過程大約半個至一個小時，過程中病人會維持清醒。導管植入手術後較常見的併發症包括傷口滲漏、傷口感染及傷口流血，病人若感到不適，應通知醫護人員。

其他的植入手術方法，包括直接穿刺或在X線透視的引導下經導引鋼絲技術引導植入。腹膜透析導管置入手術亦可安排在全身麻醉下進行，這較常用於腹腔鏡置管法，又或是針對兒童病患或複雜的手術。

雖然導管可在手術後立即使用，最理想的話是等待十至十四天讓導管插入的部位及傷口癒合才使用。在某些情況下，醫生會用較小分量的透析液來進行間歇性腹膜透析，用以清除體內毒素。

腹膜透析導管植入手術後注意事項

- 手術後傷口的護理：病人的導管口應用無菌紗布覆蓋，保持乾爽，意即手術後十至十四天病人不應該淋浴，宜用毛巾或海綿來清潔身體，以保持導管和敷料乾爽。

- 避免便秘：腹部肌肉弱了，用力擠壓腸子會增加患疝氣的風險；肚裏的腸子經常不動亦可能造成導管功能的問題（例如透析液流動太慢或不能完全排出腹部）。

腹膜透析有兩種類型：

1. 持續性非臥床腹膜透析（CAPD）

這種透析可以在家中、工作時或任何潔淨無塵的地方進行。持續性非臥床腹膜透析（又稱連續活動性腹膜透析治療）通常一天進行三至四次，每次透析排出和注入透析液的過程大約需時 20 至 30 分鐘。每包透析液容量約 2 公升（實際容量視乎用者的體型和腹腔大小），注入的透析液會停留在腹腔，日間通常每次約四至八小時，夜間可達八至十小時，具體取決於個人需要及醫生的指示。當透析液留在腹腔時，病人一般不會出現疼痛感，更可以自由進行日常活動。

此項持續性非臥床腹膜透析最適合有能力堅持嚴謹清潔及操作程序的病人，否則會增加發生腹膜炎併發症的風險，若視力不佳或有其他身心困難的人士，可由他人輔助接駁導管、排出和注入透析液的程序。無論如何，於病人正式開始在家進行持續性非臥床腹膜透析前，專業腎科護士一定會給予輔導及訓練，幫助腎病患者適應新生活。此外，腎科護士會借助實物讓患者嘗試真實的接駁導管、排出和注入透析液（通常簡稱「換水」）的程序。常用的接駁導管系統有兩種，兩種設計有不同的特性，而安全度和有效性則相若；喜好和需要因人而異，可自由選擇符合自己的系統。簡言之，「優

2. 家居機器輔助腹膜透析（APD）

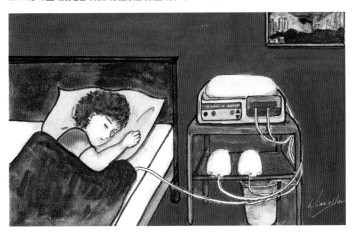

　　家居機器輔助腹膜透析又稱自動腹膜透析（APD），是一種自動化形式的腹膜透析，主要借助一台自動化的機器（簡稱洗肚機）在家中進行透析，此台機器與桌面電腦機硬盤大小相若。

　　自動腹膜透析大都利用晚上睡眠時進行，其中一種模式是連續性循環機器輔助腹膜透析（CCPD）：每晚睡前病人將身上的喉管連接上管路，接駁到全自動腹膜透析機或洗肚機，它會按照預校的程式自動進行大約四至六次的腹膜透析程序，所以「換水」的過程是在病人睡中進行。第二天睡醒後病人便將喉管和洗肚機分開，而預校的程式會將大概1至2公升的透析液留在腹腔內，讓透析過程在白天繼續進行，待晚上將整個步驟循環再作，因此可以節省日間換透析液所需的時間，配合讀書、工作及其他日常生活。

另一項模式是每晚間歇式腹膜透析(NIPD):此方法跟前者CCPD很相似,只是早上將喉管和洗肚機分開前,並不留透析液於腹腔內。換句話說,白天病人肚裏沒有透析液,腹膜透析只會在晚間進行。

腹膜炎

- 腹膜炎仍然是腹膜透析的主要併發症。國際腹膜透析學會已規定以下基準:每種透析方案的腹膜炎發生率不應超過每位患者一年0.4次。

- 腹膜炎是指腹腔感染,有時細菌可以通過透析導管出口處進入腹部。

- 腹膜炎患者常見癥狀為流出透析液混濁以及腹痛。假如腹膜透析的病人出現任何感染的跡象,必須迅速告知醫護人員,留下透析液樣本檢驗,並盡快開始治療。

- 這些感染通常可以在家中治療,醫生會給予腹腔內用藥(意即教導病人於腹透液中加入抗生素及肝素),總療程通常不少於14天,同時給予口服止痛劑,患者一般無須住院。

- 大多數腹膜炎可在不拔除腹膜透析導管的情況下成功治療,要是遇到嚴重而持久的腹膜炎,可能會損壞腹膜,醫生才需要拔除導管。但許多病人在腹膜炎復原後可再次植入導管,重新開始洗肚。

- 腹膜炎仍然是引致腹膜透析病人終止腹膜透析而需轉換至血液透析的一項主要原因。

二、血液透析

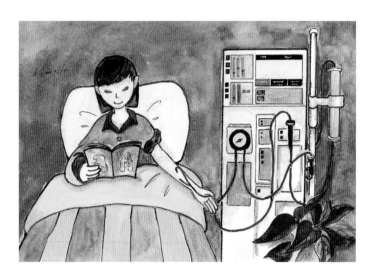

積極活好腎病

　　上文解說了腹膜透析借助人體腹膜來進行透析，而血液透析則需要透過人工腎來進行。血液透析，可以在透析中心或醫院進行，也有病人在家裏接受血液透析。簡單來說，血液透析或俗稱「洗血」是利用一系列的透析程序和機器將人體的血液泵出身體，血液走經人工腎過濾器，然後返回身體。過程會將身體內不需要的化學物質和多餘水分清除，但要有效清除廢物，病人必須進行至少每週兩至三次的血液透析。

　　人工腎是一個由透析膜所鋪成的匣子，透析膜有半透性的特質，分隔開病人的血液和清潔的透析液：洗腎病人的血液流經透析膜，血液中剩餘的化學物質便會擴散至薄膜另外一邊的透析液而後帶出體外。

透析膜是半透性的，就似洗菜的篩，較大的東西是不會經透析薄膜流走的，所以不用擔心身體的紅血球和蛋白會隨著血液透析而流失。

除非情況緊急，血液透析的準備工作需要至少一個月前開始。關鍵是長期血液透析的患者需要接受血管通路手術，以便日後作長期血液透析治療之用。血管通路目的是要提供方法從人體取出血液 (通過透析機中循環) 然後返回到身體，而血管通路可以説是一條高速道路，血液「行駛」的速度遠遠高於正常的靜脈血管。

血管通路主要有三種類型：動靜脈血管造瘻、合成人工植管、中央靜脈導管。

動靜脈血管造瘻又稱瘻管，經局部麻醉小型外科手術將一條下手臂動脈及靜脈連接而形成，通常要四至六個星期才可成熟使用。血管造瘻成熟後，血液流量充足，靜脈血管壁增厚，可經得起長期穿刺。血管造瘻手術是否成功，對血液透析病人十分重要，而病人本身亦可在多方面加以協助。病人千萬不要讓任何人在瘻管的手臂上抽血或量血壓，如病人發現血管造瘻的血液循環減少及微弱，應及早通知醫護人員，因為這是瘻管閉塞的徵兆，該及早處理並試圖挽救。

如果一些病人自己的靜脈血管並不發達或不適合造瘻管，外科醫生會嘗試用人工植管去連接手臂的動脈及靜脈。這種方法也是內置的，仍需要三至四個星期才可應用，而栓塞的機會比瘻管略高。

如果病人需要接受緊急或暫時性血液透析，但又沒有瘻管可用時，病人需要接受「暫時性血管通路」的植入手術。假如動靜脈血管瘻管是一條高速道路，暫時性血管通路可以說是一種臨時隧道。暫時性血管通路所採用的主要方法是「經皮穿刺靜脈導管」。安放靜脈導管的位置通常會在內頸靜脈(首選位置)、鎖骨下靜脈或股靜脈。

雖然方便安放及即時可使用，經皮穿刺植入的靜脈導管只能作短暫用途。然而，在某些情況下，病人出現瘻管或人工植管的技術問題，醫生會遷就而長期使用中央靜脈導管作血管通路用途，但導管感染的風險較高。

血液透析患者尤其要小心身體水分和鉀質的平衡，一般情況下病人在透析中心只會一星期接受兩至三次血液透析，血液透析治療之前，水分和鉀質將會特別高。情況就如洗衣服，如果不是天天清洗的話，又要等候一併拿去洗衣店，等得久了便可能不勝負荷。同樣道理，血液透析病人假若不調節飲食，以確保水分和血液鉀質值不致超負荷，難免會出現水腫和加重心臟負荷。

為使有需要的病人得到更多彈性的血液透析，家居血液透析法成為一種漸受歡迎的治療方法。進入上世紀九十年代，夜間長時家居血液透析的應用技術趨於完善，漸多國家同時採用，香港醫管局也不例外，自

2006年開始引入家居血液透析資助計劃。家居血液透析的意思是將血液透析搬到病人家中進行，原來在醫院或透析中心由護士作的「洗血」步驟，經密集的培訓下改由病人自己進行。透析過程一般在晚間進行，一星期重複三至四次，透析的時間會比傳統的「洗血」方法久，清除毒素更徹底，有利控制血壓和血液磷酸鹽的水平，而且患者又可以選擇適合的「洗血」時間，可改善病人生活質素，甚至增加病人存活率。不過傳統血液透析機體積較大，可能需要重新裝置水喉及去水管，以配合家居血液透析機的裝置。而且，傳統血液透析機的操作程序比較複雜，病人通常要用較長的時間去學習傳統血液透析機的操作。香港醫院管理局為使更多病人可以採用家居血液透析，於2020年在威爾斯親王醫院正式引入新一代家居血液透析機。新一代家居血液透析機體積較小、安裝比較容易、操作比較簡單，所以有較多病人可以使用。不過，由於病人要學習自行將針放置在血管通路及監察血液透析，而良好耐用的血管通路更是不能欠缺，所以家居血液透析的方法並非人人適用。

　　總括而言，現在全世界的洗腎中心都提倡及推崇家居透析，包括家居腹透及家居血透，以改善末期腎衰竭病人的身心康復。

- 瘻管的好壞，直接影響血液透析的效率。

- 因此，每位可能要進行血液透析的病人都必須好好保護前臂的靜脈血管，提點醫護人員不要在該處作靜脈穿刺或注射（意即不該放置血管通路或俗稱「打豆」）。

- 任何的腎病患者將來都有可能要接受血液透析，因此所有慢性腎病患者應謹記保護自己的靜脈血管。

積極活好腎病

終止透析

　　無論腹膜透析或是血液透析，常規的透析病人千萬不能自行終止透析，該先和醫護人員商討，不然可能出現電解質不平衡和身體水分超負荷。

　　當然，病人在某些情況下可以作主決定不再進行透析醫治腎衰竭，而這絕不是簡單的決定，患者和親人必須清楚了解及細心考慮停止透析的後果，明白相關考慮因素（例如不治的末期癌症）。

　　再者，例如患者老年失智（或不可逆轉的腦神經損壞），經多位醫生的專業判斷無法經透析而獲取治療成效時，在顧及該病人的利益下，最終可以決定為病人停止透析，並給予重病患者更好的身心關顧（見第8章）。

06

腎臟移植

為使腎臟移植治療達到理想效果，
有賴病者遵守飲食限制及維持適當體重。
同時，病者須定時服用指定藥物，
以防止排斥現象發生，
並且定時覆診，調校藥物劑量。

可產生骨質疏鬆現象，很少數病人在大腿骨頂端的股骨頭可能會發生壞死現象。類固醇有時會使血糖增高，患上糖尿病的機會更大。和其他抗排斥藥物一樣，類固醇會壓抑人體免疫系統，降低身體對病菌、病毒、真菌和各樣病原的抵抗力，較易引起感染，感染後康復也會較常人慢。

硫唑嘌呤（Azathioprine）是另一項較常用來防止移植腎臟排斥的藥物。個別藥物和其他藥物有時候共用並不安全，甚至會引起嚴重的副作用，而硫唑嘌呤便是其中之一，例如硫唑嘌呤和降尿酸的藥物別嘌醇（Allopurinol）或非布司他（Febuxostat），共用時需要特別小心。簡單來說，腎臟移植病人一定要告訴醫生正在服用的所有藥物。

除了先前提及的環孢素，有另一項藥物他克莫司（Tacrolimus，別名「普樂可復」）可替代環孢素，兩者統稱神經鹼鈣蛋白抑制劑，一樣需要驗血監測濃度來調校劑量。他克莫司可出現的副作用包括手震及糖尿病。環孢素和他克莫司可有效提升移植腎臟的存活率，但後者在於減低排斥方面較佔優。兩種藥物的選擇也需顧及病人用藥的副作用及藥物的費用，病人請向醫生查詢。

至於硫唑嘌呤同類的藥物為嗎替麥考酚酯（Mycophenolate, MMF），商品名驍悉及米芙，醫生會因應病人的體質和需要來挑選合適的預防排斥藥物和劑量。

有時候醫生會更換另一類具有免疫抑制機制，又可產生抗增殖特性的藥物。這類藥物泛稱哺乳動物雷帕黴素靶蛋白抑制劑（mTOR inhibitors），包括西羅莫司（Sirolimus）和依維莫司（Everolimus），對於患有惡性腫瘤患者（如皮膚癌）的腎臟移植病人，此類藥物可能特別有用。

簡言之，愈有效預防排斥藥物，愈會抑制身體抵抗力，跟著身體受感染的機會也相對地愈高。

各種預防排斥藥物皆有它的副作用，有些副作用會令病人困擾，有些令病人擔心，甚至會導致腎臟移植病人自行停止服用該藥物。若病人有此顧慮，實在是無可厚非，然而，考慮到移植腎臟的安危，病人不可自行停藥，應詳細與醫生商討對策。

此外，女性患者在服用預防排斥藥物期間可能會計劃生育，而由於有些藥物對胎兒有影響，盡可能在懷孕前和專科醫生（包括腎科醫生和婦產科醫生）討論是否適合。雖然應考慮的因素眾多不能一概而論，醫生通常認為女性腎臟移植病人應等待至少一至兩年才懷孕，用以減低排斥藥物和避免排斥所引起的併發症。同時，穩定的移植腎功能（例如血清肌酐水平少於130 μmol/L 和尿蛋白量每天低於 500毫克）和成功懷孕的機會息息相關。男性方面，由於某些排斥藥物會影響精子和男性生育能力，患者也可以向醫生請教計劃生育的問題。

無論如何，慢性腎病患者在腎移植手術後的生育率會相繼提高，如果病人擁有正常的腎功能，以及在腎科與產科醫生小心照顧下，成功生下一個寶寶的機會很大。

預防排斥藥物要服用多久？

- 只要一天患者的移植腎臟未停工，一天也不可以停止服用抑制免疫藥物。

- 這是因為身體從來沒有接受過移植腎臟是自身的一部分；甚至是移植手術多年後，亦可發生排斥，尤其是如果病人停止服藥，排斥風險更大。

- 然而，隨著完成移植手術的時間過了愈久，排斥的機會減輕了，醫生將可能逐漸減少藥物劑量。

治療的選擇

當腎病患者到了末期腎病時，
他除了需要接受藥物治療及飲食治療外，
還需要接受進一步的治療：
透析治療、腎臟移植或紓緩治療。

Philip Li

第7章 治療的選擇

　　當腎臟衰退至只剩餘十分之一腎功能時，患者必須選擇最適合自己的治療方法。末期腎病的治療方法包括了透析治療、腎臟移植及紓緩治療。這三種治療方法都有各自的長處及短處，患者必須先認識各種治療方法，配合其個人需要，然後選擇適合自己的治療。

治療的方法

　　當腎病患者到了末期腎病時，他除了需要接受藥物治療及飲食治療外，還需要接受進一步的治療：透析治療、腎臟移植或紓緩治療。

　　透析治療(俗稱「洗腎」)是一種腎替代治療，亦是一種維持生命的方法。透析治療包括腹膜透析(俗稱

「洗肚」)和血液透析(俗稱「洗血」)。當腎功能不能維持患者正常生活時,便應開始接受透析治療,透析治療亦是作為等待腎臟移植時的治療(見第5章)。

腎臟移植(俗稱「換腎」)亦是一種腎替代治療。腎臟移植成功後,患者可以停止透析治療。不過,腎移植後的患者仍然需要配合健康的飲食方式及接受終身藥物治療。然而,部分腎病患者的原有疾病會在新移植腎臟中復發,因此,並非所有腎病患者都適合腎臟移植(見第6章)。

末期腎病患者如果沒有腎替代治療(透析治療或腎臟移植),會發展至多種短期和長期的併發症,直至最終死亡。因此,末期腎病患者需要進行透析治療或腎臟移植,再配合藥物治療及適當飲食,才能繼續生存。不過,如果患者覺得腎替代治療會為他們帶來過度的心理或生理負擔,患者有權選擇不接受腎替代治療。對於這類患者,紓緩治療是另一種治療選擇(見第8章)。

紓緩治療會為一些選擇不接受腎替代治療的患者提供藥物治療、飲食治療、情緒支援及合適的護理,讓腎病順其自然地發展。紓緩治療亦會為一些已經採納腎替代治療,但因為隨著時間及身體情況改變,而決定選擇停止腎替代治療的患者提供服務。

以上三種治療方法都有各自的長處和短處,患者必須先認識各種治療方法,並且考慮其個人的狀況及需要,選擇適合自己的治療方法。

2. 遺體捐贈腎移植

長處：

- 家人無需付出（捐腎）職責及義務。
- 病人亦無需對捐腎者付出職責及義務。
- 如果植入腎臟發生排斥，對捐腎者而言亦無損失。

短處：

- 併發症及排斥機會比近親血統捐贈略高。
- 輪候者多，需時甚久。

近年，其他國家亦多了很多公眾人士從善心出發，無償捐出一個腎臟去幫助有需要的腎衰竭患者，值得香港借鏡。

末期腎病的紓緩治療

紓緩治療照顧的不單是患者，
也能陪伴家人度過哀傷，
在需要時給予適當的輔導及跟進。

Philip Li

- 需要時醫生或處方止嘔藥給病者於進餐前半小時服用。

2. 疲倦

- 保持適量運動及社交活動。
- 切忌因疲倦而長時間臥床，擾亂睡眠時間而造成惡性循環。
- 把情況告訴醫生，檢視是否跟藥物副作用或其他狀況如貧血有關，從而作出跟進。

3. 痕癢

- 皮膚乾燥，尤其在年長的病者中，是常見引起痕癢的原因之一。避免用過熱的水洗澡，少用刺激性肥皂，及經常大量使用潤膚品，都有助改善乾燥和痕癢。
- 跟隨營養指示進食低磷餐。血磷過高可引致痕癢或令痕癢加劇。
- 盡量避免用手抓皮膚，以免抓傷導致感染。
- 採用止痕藥膏塗於痕癢處，若全身痕癢則宜用口服藥物控制，但留意不少止痕的口服藥都有令人昏昏欲睡的副作用。
- 把情況告訴醫生，檢查痕癢有否其他原因（如皮膚感染）引起。

4. 水腫

- 雙腳水腫往往反映身體積聚多餘水分未能排出，病者宜多加留意水分和鹽分的攝取量，及按指示服用去水藥物。
- 躺下時可把雙腳稍稍墊高，或加以適量按摩，有助紓緩水腫引起的不適。
- 注意皮膚護理，避免受感染。
- 若水腫情況嚴重，或同時出現氣喘現象，應盡快告之醫生以作藥物調校。

情緒支援及心靈關顧

　　面對晚期病患，不論是病者或其家人，都難免會有不同程度的擔憂和焦慮，而情緒的變化往往跟病況的起伏有著相互影響。尤其當病者的自我照顧能力因病情變化而有所下降時，負面情緒如自責、感到負累家人等則可能浮現。然而，每位病者都有其獨特的步伐和需要。不少病者曾表示，他們不害怕死亡，但憂慮過程是否辛苦。也有病者對未知的將來感到不安。一些則擔心實務的事宜如經濟、照顧安排等。

　　患者身旁的家人需要無休止地負起照顧者的責任。若患者的不適未能及時紓緩，家人可能感到徬徨無助，自責照顧不足，更意識到病情轉壞，牽起別離的哀傷。作為照顧者，很容易感到身心疲累，而積聚的壓力不但

有礙精神健康，亦可能引起不必要的摩擦，影響與病者之間的關係。

我們相信，即使生命的時間受到疾病限制，帶著末期腎病，病者也能積極地繼續他們的人生。若得到適當的支援，壓力得以疏導，家人透過照顧的過程其實可以帶來與病者關係上的提升或修和，種種經歷亦可以轉化成正面的回憶。因此，除了上述病症控制外，紓緩治療也著重病者及家人的情緒關懷，就著需要可提供專業心理輔導以及靈性宗教上的支援。團隊社工亦會按實質情況，給予家居照顧、經濟援助、社區服務等資訊安排，以減輕照顧者的壓力。

預設照顧計劃及預設醫療指示

末期腎病患者在病途上會面對很多抉擇，除洗腎以外，亦包括一些日後面對的其他維生治療方案（如「心肺復甦術」）及照顧安排。

「預設照顧計劃」的概念就是希望病人和家屬與醫護人員透過坦誠的溝通，對不同的方案作利與弊的分析，了解病者和家人的價值觀和意願，以達致一個大家共同接受的決定。當中亦會回顧生命的歷程，討論將來照顧上的意向，及病人的心願和期望。溝通的過程也能讓病人對末期腎病多加了解，釋除他們心中的一些擔憂和誤解。

若病人決定了不接受某些維生治療，「預設醫療指示」則是一份文件，讓他們把作出的決定在醫生及見證人的見證下記錄下來。他日若病人再沒有能力為自己作出抉擇時，醫護及家屬都應尊重文件中所訂立的決定。積極的準備也讓患者家人安心地肯定病人的意願，有助減輕將來面對抉擇時的徬徨或矛盾。

平和面對、後顧無憂

研究顯示紓緩治療可減輕身體痛楚與心靈不安，能夠令末期病患者的生活質素提升，讓他們得到支援，從而更有尊嚴地走過人生最後的一段路。分離的傷痛不能避免，雖說哀傷中的害怕、憤怒、抑鬱等情緒一般會隨時間而平伏，但某些情況下有些親人可能需要更多的扶持，才能從哀傷中走出來。紓緩治療照顧的不單是患者，也能陪伴家人度過哀傷，在需要時給予適當的輔導及跟進。

畢竟，患病的事實不能改變，但我們能夠採取正面的態度，平和面對人生的終點。珍惜有限的時間，也能活出生命的意義。

末期腎病的紓緩治療

兒童慢性腎病

治療兒童腎病的重要目標，
是減緩腎功能惡化及保健僅餘的腎功能。

Philip Li

第9章 兒童慢性腎病[*]

積極活好腎病

成因及癥狀

兒童慢性腎病並不普遍，病因亦與成人腎病有所不同。當中，以先天性腎臟及泌尿系統異常最為常見，其他病因則包括遺傳性腎病、腎炎或其他系統性疾病。患有慢性腎病的兒童會出現不同的臨床癥狀，包括食慾不振、容易疲倦、生長及發展遲緩、高血壓、重複性尿道炎、血尿或蛋白尿等。家長需要提高警覺，及早發現求醫。

---

* 本章內容由香港兒童醫院兒童腎科馬立德醫生、何梓瑋醫生、賴偉明醫生三位協助編寫，本書作者謹此致謝。

兒童慢性腎病的治療方法

大部分兒童慢性腎病患者的病情複雜，需要多方面專業團隊的支援。團隊包括兒科醫生、專科護士、藥劑師、心理學家、職業治療師、物理治療師及社會工作者等專才。團隊的共同目標是一方面透過各種治療減緩病童的腎功能惡化，盡量推延末期腎衰竭的發生；另一方面照顧病童的身心健康。醫療團隊及家人的支持極為重要，是鼓勵兒童積極面對疾病不可或缺的動力。

治療兒童腎病的重要目標，是減緩腎功能惡化及保健僅餘的腎功能。兒童倘若先天性腎臟發展不健全，腎功能可能在幼童階段出現平穩，甚至輕微改善的情況。但是隨著兒童成長，腎臟已不足以應付身體所需，僅餘的腎功能便會日趨惡化。目前，減緩腎功能惡化的方法主要包括調節飲食、減輕體重、預防尿道感染，和使用藥物以控制血壓及蛋白尿等。病童和醫療團隊配合無間，能令治療事半功倍。

末期腎衰竭的治療

當慢性腎病逐漸惡化，兒童出現末期腎衰竭，便需要開始接受長期透析治療。透析的基本原理是使用腹膜或者血液透析器材淨化血液，移除身體的毒素以及多餘的水分。當然，最有效的治療方法必然是腎臟移

植，透析治療可視為一種銜接治療方法，在病童接受合適的腎臟移植前暫代其腎臟功能。

兒童透析治療可分為腹膜透析和血液透析兩種。家居腹膜透析是兒童最常用的透析方法。首先，小朋友需要接受手術，在肚內放置一條喉管，以便注入透析液及接駁全自動透析機器，之後病童便可在每日晚間接受八至十小時家中透析，盡量減少治療對兒童上學或社交的影響。倘若兒童曾經接受過多次腹部手術，或者因為其他原因，不適合接受腹膜透析治療，便需要接受血液透析治療。

血液透析治療會在醫院進行，平均大概一星期三次，每次四小時。兒童需要先接受手術，於體內放置中央靜脈喉管，方可接受血液透析治療。醫生可能會建議年紀較大及體型較高大的青少年接受血液透析動靜脈瘻管手術，即將一條動脈及一條靜脈連接在一起，讓大量的血液流過靜脈以令靜脈血管日漸粗大，用作血液透析的血管通路。

腎臟移植無疑是治療兒童腎衰竭的最佳方法，可分為活體移植和屍腎移植。本港目前有過百宗兒童慢性腎病個案，當中約三成病童患有末期腎衰竭，正輪候屍腎移植。由於器官捐贈者的數目不多，兒童等候腎臟移植，一般大概需要三至五年。

近親活體移植是另一種治療方法，能盡早免去兒童長期透析之苦，重獲新生。一般而言，小朋友的體重

必須達14公斤以上才可以接受腎臟移植。移植之後，病童需要終生服用抗排斥藥及依時覆診，以維持新移植腎的功能。我們希望在此呼籲市民大眾支持器官捐贈，幫助不幸患上腎病的病人。

腎病兒童的飲食

腎臟是處理各種電解質的主要器官。患有腎病的兒童需要多注意飲食，根據營養師的建議，適當地調節鉀、鈉、鈣、磷等電解質，以及蛋白質及水分的攝取量，有助減低有害代謝物的積聚，及保持身體的穩態平衡。

雖然腎病兒童在飲食方面需要有適當的限制，但同時亦必須要有足夠的能量及營養以供生長發育。所以，不同年紀的兒童，和處於不同腎病階段的兒童均有不同的需要。我們建議家長配合營養師的營養計劃，與醫療團隊緊密合作，務求攜手為小朋友度身訂造最適合他們的營養餐單。特別一提，部分患有嚴重腎病的幼童胃口欠佳，經常有噁心及進食緩慢等問題。這類孩童有可能需要接受胃造口手術，直接餵以特別處方的營養奶作為補充，改善病童的營養水平，從而減少他們在進食時的感染風險或出現其他併發症的機會。

腎病兒童的身心健康

慢性腎病患者飽經疾病煎熬，並要長期接受不同的治療，對病童及其家人而言康復之路實在是一段艱苦的人生旅程。

兒科腎科團隊除了照顧病童的身體，亦會關顧他們及其家人心靈上的需要，透過定期的評估及會議，團隊已安排適切的輔導，並度身訂造病童們的治療方案；協助他們計劃及實踐健康的生活模式，增強自我管理能力及自信心。團隊亦鼓勵病人和家長透過不同類型的復康活動，認識其他相同背景的病友，並肩同行、互相扶持。康復的道路雖然漫長，但絕不孤單。有了家人、醫療團隊及社會的愛心及支持，小朋友定能積極面對生命，戰勝疾病。

積極活好腎病

10

年長腎病患者

預防老年慢性腎衰竭，
必須從年輕時開始保護腎臟。

第10章 年長腎病患者

積極活好腎病

　　隨著年齡增長，長者往往比年輕人較易出現健康問題。隨著社會老齡化，年長慢性腎病人數同時增加。

　　研究顯示，人類在40歲以後，腎臟的各種功能逐漸下降，衰退速度大約每年1%。引起老年人腎衰竭的原因主要為繼發性。主要繼發性因素是老年人患上長年代謝性疾病所造成的腎損傷，例如：長年糖尿病、高血壓等，繼發性的腎功能不全。除了繼發性原因外，還有一些原發性腎炎。

　　老年腎功能不全者通常同時患有多種原發性疾病，而且體質較差，所以病況較為複雜。腎病科專科醫生會進行腎衰竭一體化治療：包括糾正酸中毒、腎性貧血、腎性高血壓、電解質紊亂、腎性骨病等治療。亦可配合個別患者的情況，適當地使用透析治療。

保護腎臟的方法

預防老年慢性腎衰竭，必須從年輕時開始保護腎臟，包括：

- 日常生活正常作息、避免增加腎臟負擔。
- 好好控制血壓、血糖、血脂及尿酸。
- 避免攝取過量的蛋白質而增加腎臟的負擔。
- 戒煙、保持正常的運動習慣。
- 不自行使用中藥、止痛藥及非醫生處方藥物。
- 接受定期檢查，包括血壓、血糖、肌酸酐與尿蛋白。
- 以積極的態度面對疾病，及早控制病情。

年長慢性腎病患者的居家護理及照顧要點

1. 吞嚥問題與飲食安全

常見於長者的飲食問題：

1. 咀嚼困難。
2. 味覺減弱。
3. 口腔乾燥。
4. 消化能力減弱。
5. 胃口欠佳。

對於透析患者，個人衞生更為重要。個人衞生不理想的透析患者，通常較容易受感染；尤其是透析管道相關的感染及腹膜炎。

4. 情緒變化及心理健康

老化過程中的健康退化，會令長者感到困擾。慢性腎病患者需要長期接受藥物治療，甚至透析治療。長期處於患病的狀態會影響患者的身體機能、情緒及日常生活，令患者身心承受不少壓力。患者可能感到他人不能真正了解及體諒自己，於是逐漸與人疏離，變得孤立。

要紓解壓力，患者及家人都應積極及主動了解疾病，例如透過向醫護人員學習或閱讀有關書籍，避免因誤解而產生不必要的焦慮。護老者亦可因應患者的需要而學習一些護理常識和技巧，以提供適當的協助。

正面的思想及樂觀的態度有助推動患者積極配合治療。此外，患者宜多參與日常自理工作，增強自我照顧能力。多與病友交流自理心得，彼此支持，可幫助增加自信心及增強樂觀的態度。

如果自己未能有效減低壓力，便應尋求專業人士的協助。

5. 活動能力及運動習慣

長者應建立健康活動模式，保持適量的活動，不應長時間臥床休息。長者亦應先了解自己身體狀況，實際

地衡量自己的能力。做事切勿貪快或強迫自己於限時內完成，以致消耗過多體力；有需要時應請別人幫助。

長者可根據自己的身體狀況及興趣來釐定運動目標，循序漸進，量力而為，並持之以恆。初開始運動的人士，應選擇較輕量之運動，初期每節的運動時間亦不可太長，建議由10至15分鐘作起，避免操之過急而引致受傷。每次正式運動前要做熱身及伸展運動，運動後也要作緩和及伸展運動。只要將運動安排為每天生活的一部分，就可以逐漸改善身心健康。慢性腎病患者只要經醫護人員評估為病情穩定，並已接受指導相關的運動注意事項，也可以安全地開始運動。結伴一起做運動，更可增添樂趣及有助互相照應。需要時，更可由物理治療師作出個別患者評估和建議運動相關事項。（詳情可參考第14章頁145–158。）

現在醫療科技日益發達，在專業團隊合作、照顧者配合及患者積極面對腎病的情況下，年長腎病患者亦可有理想的治療效果。

11

女性患者

一般患上末期腎病的婦女都會停止月經；
直到得到定期透析，
部分婦女可以恢復正常月經。

Philip Li

第11章 女性患者

　　慢性疾病，包括末期腎病，會影響身體各個不同部分。我們在這篇將談談一些女性患者特別關注的問題，包括：一、腎病對個人外表的影響；二、女性的性功能和生育能力。

腎病對個人外表的影響

　　慢性腎病對個人外表的影響會因人而異。有些患者的膚色會較為蒼白或呈黃褐色。部分患者會覺得化妝會讓膚色較為好看。腎病亦會使患者皮膚較為乾燥，膚色較深的患者其皮膚表面甚至像是蒙上一層「灰塵」。因此，每天洗澡及保持皮膚滋潤極為重要。

由於積水、缺水或受藥物（如腎移植後服用的抗排斥藥）的影響，體重會有較大變化。適度的飲食調節有助控制積水和缺水對患者的影響；適合的運動亦可幫助患者調節體重和保持靈活。

無論腹膜透析或血液透析，「透析通路」都會令患者外表有少許改變。腹膜透析者腹部會有外露的導管。腎科護士會指示患者如何將導管末端固定於腹部及收藏於衣服內。至於血液透析者，通常手部會有「瘻管」或人工血管。這「瘻管」或人工血管的外表就像皮膚下面較粗大的血管；血液流過時會有震動的感覺。血液透析時重複「針刺」亦會造成結疤。如果患者認為有需要，穿長袖衣服可將結疤遮蓋。其實，當患者適應透析後，這些外觀上的輕微改變並不會對患者構成影響。

腎臟移植後的抗排斥藥會令患者的外貌有所改變。這包括了暫時性的面部浮腫、毛髮增多、暗瘡及體重上升。另外，腎臟移植後，患者的下腹手術位置會留有疤痕。

人的外表必然會隨著年齡和身體狀態而改變，保持個人衛生、適度化妝和合適的衣飾不只可以讓個人外表整齊和美麗，亦能令自己容光煥發、以信心示人和更有吸引力。

女性的性功能和生育能力

　　一半以上的腎病患者都會有性功能障礙。很多人會選擇忽略這個問題，因他們感到難以啟齒。對生育期的女性來說，生育能力是另一個她們非常關注的事項。在這一節，我們將會談到女性患者的性功能、避孕、性行為及懷孕等問題。

　　性功能障礙可以有很多原因：心理因素、身體疲勞、慢性疾病本身及其治療都可以引起不同程度的性功能障礙。受影響的程度亦會因人而異，從缺乏性慾到完全不能達到高潮都會發生。要處理性功能障礙，第一步是先做檢查，以便診斷是生理因素抑或心理因素引致。但是，無論是什麼起因，性功能問題通常都可以解決。

　　女性的性問題大致上包括以下幾類：

1. 性慾下降

　　這類女性患者不想性交。她們可能仍然希望和伴侶有親密關係，只是不想性交。處理這個現象，首先要解決源於腎病的問題，例如貧血及賀爾蒙失調的現象。然後，加強伴侶間的坦誠溝通，學習性行為的新技巧及專業的性治療均可有效改善問題。

2. 不能達到高潮

很多女性患者不一定需要達到高潮，一樣能擁有滿足的性生活；但對部分女性患者來說，她們還是希望能在性行為中達到高潮。要處理這個問題，同樣要先解決貧血及賀爾蒙失調的現象。另外，部分女性需要額外的刺激才能達到高潮，有此需要時，請向醫護人員尋求轉介專業的性治療。

3. 性交時痛楚（性交困難）

性交時痛楚是女性較為常見的問題。這可能是由於缺乏分泌或感染所引致。有時亦由於對安全套或避孕藥膏敏感所致。需要時，請向醫護人員尋求專業協助。

4. 陰道痙攣

這是不自主的陰道肌肉收縮或痙攣。這現象會令性交時感到痛楚甚至不能完成性交。引起陰道痙攣的原因很多，其中包括情緒緊張、由創傷後遺症引發的後果，或不愉快的性經驗。醫生或性治療專業人員可以為需要者提供協助。

其實，性生活並不一定要包括性交，其他不少形式的性方式，如擁抱、親吻和愛撫也可以令人滿足和使伴侶雙方都感到快樂。

至於懷孕的問題，一般患上末期腎病的婦女都會停止月經；直到得到定期透析，部分婦女可以恢復正常月經。雖然於透析期間較小機會懷孕，但是經過小心處理，透析期間還是可以懷孕。不過，透析期間懷孕是「高風險」懷孕。如果患者希望透析期間懷孕，必須與腎科醫生及婦產科醫生商討，以作出跟進。至於腎臟移植後，患者的性功能和生育能力會恢復。不過，如果患者計劃懷孕，便應向腎科醫生查詢自己所服用的藥物對胎兒可能造成的影響。大部分醫生會建議腎病患者最好在腎臟移植後至少一至兩年才考慮懷孕。

至於避孕，有性行為而又不想懷孕的婦女都應避孕。無論在透析期間或腎臟移植後，腎病患者都可能會有生育能力。要選擇最適合自己的避孕方法，請向主診醫生查詢。

總括來說，末期腎病患者的性問題和生育問題，都需要患者以積極的態度去面對。伴侶間的坦誠溝通尤其重要，專業的輔導及治療可以協助患者解決這方面的問題。

積極活好腎病

臟疾病加深或變壞。基於SGLT2抑制劑保護腎臟和心臟之益處，尤其值得應用於有心力衰竭病史或高風險的患者。

正在接受SGLT2抑制劑的病人需留意一點：在長期禁食、手術或危重疾病期間請暫時停用SGLT2抑制劑，以減低發生酮症的風險。

除了口服糖尿藥物以外，其他有效保護腎臟功能的注射藥物，包括一種提升胰島素分泌及抑壓體內的升糖素的胰高血糖素樣肽-1（GLP-1）受體激動劑。另一項藥物鹽皮質激素受體拮抗劑（特別是 finerenone），可減少二形糖尿病腎病的腎功能受損。

同時，請謹記監測腎病變化的跡象，在開始腎病治療和改變生活方式以後，患者需要進行重複的尿液和血液測試，以確定是否尿蛋白值有所改善。如果尿蛋白值（或腎功能）並沒有改善或更形惡化，醫生可能需要調整患者的糖尿藥物，或推薦其他策略，以保護患者的腎臟及避免低血糖等併發症。

積極活好腎病

健康生活方式有效護腎

糖尿病人必須謹記，有效的護腎方式，並非全靠藥物，糖尿病自我管理和教育通常是改善血糖控制及減少糖尿腎病併發症的最佳良方。

除了身心健康及朋輩支援，有效的健康飲食、減肥及應付低血糖症的常識可以大大促進藥物依從性。

戒煙也是重要事項。多項研究確定吸煙及二手煙是慢性腎病疾病的風險因素。假如患者不戒煙，糖尿病腎病患者出現末期腎病的風險會顯著增高。

糖尿病患者

遺傳性腎病

隱性遺傳，意思是若父母雙方
皆帶有變異基因，
那就有25%的機會遺傳給下一代，
而與下一代的性別無關。

第13章 遺傳性腎病

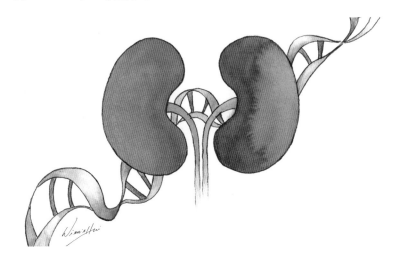

我的家人有腎病，那我也會有腎病嗎？

那倒不一定。

遺傳性腎病泛指單一或多種基因異常而引起的腎病，受影響的可以是腎小球、腎小管，甚至是泌尿系統先天性發育不全。而直接遺傳與否就與受影響的染色體和遺傳模式有關。例如受影響的是X染色體，那男士則比女士發病的機會大；又如一些顯性遺傳的 (autosomal dominant) 腎病，意思是如父母其中一方帶有異常的染色體，孩子便有50%的機會遺傳到腎病。

香港腎科學會早前訪問了約800名腎病病人的直系親屬，發現這些並無任何病徵的親屬中，約20%皆

有不同程度的蛋白尿（腎病的其中一種早期表徵）。[1] 另外，台灣亦有研究指出，血液透析病人的配偶患上腎病的機會是一般人的兩倍，尤其是高齡和患有血壓高的配偶。這就意味著「高危」的並不限於有血緣關係的家人。配偶雖和患者沒有相同的基因，但研究人員相信，配偶可能有和患者相似的生活和飲食習慣，例如患者愛吃甜食和抽煙，配偶若耳濡目染，便可能增加患上腎病的風險。

接下來我們會為大家介紹兩種常見的遺傳腎病。

一、顯性多囊性腎病

顯性多囊性腎病（autosomal dominant polycystic kidney disease），又稱「多囊腎」，是最常見的遺傳腎病。超過八成的病人都是由於第十六條或第四條染色體異常而引致兩邊腎臟出現多個囊腫（俗稱「水泡」），這些「水泡」大小不一，數量有時可超過20顆，導致腎臟的體積變大，正常的腎組織在「水泡」擠壓之下，功能便逐漸受損。此病影響男性和女性的機會是一樣的，如前文上述，這種顯性遺傳的病，下一代患病的機率約50%。

---

1   Li PK, Ng JK, Cheng YL, et al. Relatives in silent kidney disease screening (RISKS) study: A Chinese cohort study. *Nephrology* (Carlton). 2017;22 Suppl 4:35–42.

喝水可治療多囊腎嗎？

多囊腎的病人應該和其他腎病病人一樣，遵守少鹽少糖的飲食法則。有趣的是，一些動物研究發現攝取大量水分的實驗動物之腎囊腫比較生長得慢，這可能是因為喝水可抑制身體內的抗利尿激素（vasopressin），而抗利尿激素則是引發囊腫增大的其中一種激素。雖然暫時還未有臨床研究指出多囊腎病人每天喝多少水才是最理想，但最低限度亦應喝足夠水分來避免口乾的感覺。此外，嚴格的血壓控制對早期多囊腎的病人尤有裨益，因這樣做可延緩整體腎臟體積的增長，也可減輕心肌肥大的程度。

近年，有研究發現抗利尿激素受體阻斷劑（tolvaptan）對腎功能第一至三期的多囊腎病人，能有效地減慢腎功能衰弱的速度。但有少數病人在服藥後會出現肝酵素和血鈉上升的副作用，所以切記要諮詢醫生才可以服藥！

二、艾伯氏症候群：
　　傳男「不」傳女的遺傳腎炎？

超過八成的艾伯氏症候群（Alport Syndrome）都是源自 X 染色體的變異。正常的情況下，男性擁有 X 和 Y 染色體各一條，而女性則有兩條 X 染色體。因此當其中一條 X 染色體有缺陷的時候，男性便會出現明顯病徵

（沒有另一條X染色體作彌補），反之，女性即使其中一條X染色體出現變異，大部分時間病症卻較輕微。比較少見的情況下，艾伯氏症候群可以是由常染色體異常引起。這裏說的是隱性遺傳，意思是若父母雙方皆帶有變異基因，那就有25%的機會遺傳給下一代，而與下一代的性別無關。

遺傳性腎炎有哪些癥狀？

1. 腎臟

受影響的染色體會令腎小球基底膜（就像腎裡面的篩子）出現結構性問題，因此男性患者一般會有血尿（紅血球穿過「篩子」的孔在尿液排走）。隨著年齡漸大，患者會出現蛋白尿（俗稱「泡泡尿」）和高血壓。大部分的男性患者在40歲之前便會出現腎衰竭，需要接受透析治療。如前文所述，女性患者病徵相對不太明顯，大部分有隱性血尿（即小便有血但肉眼看不到），而年長的時候也會出現不同程度的腎功能損害。

2. 耳朵

患者一般在青少年時期就會出現聽力下降，初期是高頻音域不易察覺。慢慢地聽力障礙可能延伸到其他音域，影響日常生活的溝通，因此一些患者或需助聽器輔助。

3. 眼睛

20%至40%的艾伯氏症候群病人都患有眼疾，包括錐形晶狀體和斑點狀視網膜病變。病者可能出現近視和白內障。

診斷和治療

診斷艾伯氏症候群的方法包括：

1. 家族的腎病史 (若是X染色體引起的艾伯氏症候群，病人母系家族的男性很可能有腎衰竭的病史)。
2. 抽血檢查腎功能、收集小便檢查血尿和蛋白尿。
3. 腎組織活檢 (透過局部麻醉從背部以針抽取少量腎組織，以電子顯微鏡檢查腎小球基底膜)。
4. 基因測試。

不幸的是，很多男性X染色體艾伯氏症候群的患者都在壯年時面對「洗腎」。雖然現在並未有針對性的藥物去根治這個遺傳病，但有研究指出血管緊張素轉換酶抑制劑 (ACEI) 和血管緊張素受體阻斷劑 (ARB) 都可改善血壓和蛋白尿，從而減緩患者腎功能衰弱的速度。

14

腎病患者的
日常生活

腎病患者只要在飲食、運動、
工作和娛樂各方面配合妥當，
仍然可繼續過正常且充實的生活。

Philip Li

第14章 腎病患者的日常生活

積極活好腎病

　　健康和均衡的生活方式會對腎病患者的健康有幫助。我們會在本文討論一些日常生活應注意的事項，包括：飲食、運動、工作、娛樂及旅遊。

一、腎病患者的日常飲食[1]

　　腎臟形態猶如腰豆，功能包括協助身體血液中的新陳代謝廢物如尿素 (Urea)、肌酸酐 (Creatinine) 及尿酸 (Urate) 排出體外；調節體內水分、礦物質如鉀 (Potassium)、鈉 (Sodium)、磷質 (Phosphate) 至正常水平；協助製造紅血球。因此，若腎臟出現問題，人體便無法進行上述功能，嚴重影響健康。

---

[1]　本章內容由沙田威爾斯親王醫院營養部撰寫，本書作者謹此致謝。

腎病患者採用適當的治療和藥物，並配合營養飲食治療，以防止或減慢病情惡化。營養素中，與腎功能有密切關係的包括水分、蛋白質、礦物質如鉀、鈉及磷質。以下飲食原則希望能幫助大家更了解營養素與腎功能的關係、認識營養素的食物來源，當面對不同階段的腎衰竭或接受透析治療，飲食需根據個人的病情作出適當的調整和選擇。

腎病飲食治療的秘訣

1. 適量進食蛋白質食物

　　腎功能欠佳時，蛋白質代謝後所產生的物質如尿素，會積存於人體，過量會形成尿毒症。過量蛋白質會使腎臟加速衰弱，因此在沒有接受任何治療時，需控制蛋白質的攝取。相反，正接受透析治療時，由於部分蛋白質會流失於透析液中，同時蛋白質的代謝相對提高，患者便需按個人需要而增加攝取。

（1）蛋白質的來源

- 主要提供高質素蛋白質的食物包括所有肉類、家禽、魚類、海鮮、蛋類、乳製品、黃豆及黃豆製成品。
- 提供低質素蛋白質的食物包括五穀類如飯、粉麵、硬殼果類、豆類及其製成品和根莖類蔬菜。

流質的來源包括：

- 清水、湯水、清茶、各類飲品如果汁、牛奶。
- 含高水分的食物如粥、麥皮、瓜類及水果。
- 口乾時，可口含檸檬片或小冰塊，用水漱口或嚼香口膠，以舒緩口乾感覺。另外，患者應避免飲用濃茶、咖啡或酒精飲品。

3. 減少攝取鈉質

腎臟負責調節及排泄血液中的鈉質，若腎臟功能逐漸減弱，調節及排泄功能受阻，過多的鈉質積聚在體內會令水分失衡而產生水腫，嚴重的更導致肺積水和呼吸困難。

減少 高鈉食物：肉、家禽、蛋類

- 腸仔、鹹魚、乾瑤柱
- 燒味及臘味如叉燒、燒肉、豉油雞、臘腸、臘肉
- 鹹蛋、皮蛋
- 罐頭食品如豆豉鯪魚、午餐肉等
- 茶樓點心如蝦餃、燒賣、牛肉球

高鈉食物：五穀類

 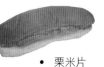

- 栗米片
- 熱狗
- 即食麵、即食杯麵、即食叮叮粉麵飯盒
- 加鹽餅乾、芝士夾心餅
- 即食鹹燕麥（麥皮）

 高鈉食物：蔬菜類

- 醃菜如梅菜、榨菜、冬菜

 高鈉食物：小食

- 涼果如話梅、陳皮、加應子
- 鹽焗花生及果仁
- 薯片

 高鈉食物：飲品

- 罐頭湯、即飲湯包、雞精飲品

 高鈉質：調味料

- 鹽、生抽、老抽、蠔油、豆豉、茄汁、海鮮醬、梳打粉

積極活好腎病

適量 低鉀食物（每份160毫克鉀質或以下）
蔬菜類（每份為半碗煮熟蔬菜）

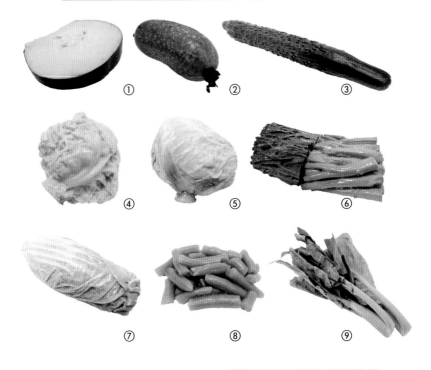

① 冬瓜	② 節瓜	③ 青瓜
④ 椰菜	⑤ 生菜	⑥ 菜心
⑦ 紹菜	⑧ 豆角	⑨ 芥蘭

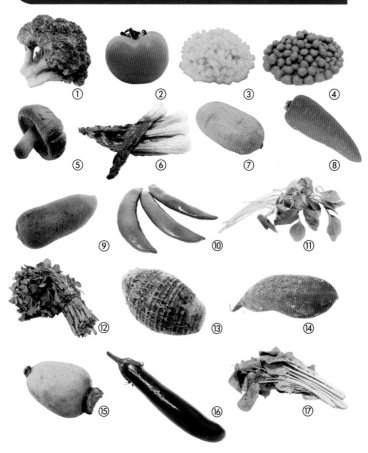

減少 高鉀食物（每份161毫克鉀質或以上）
蔬菜類（每份為半碗煮熟蔬菜）

① 西蘭花	② 番茄	③ 粟米粒	④ 青豆
⑤ 冬菇	⑥ 小棠菜	⑦ 薯仔	⑧ 紅蘿蔔
⑨ 青蘿蔔	⑩ 蜜糖豆	⑪ 莧菜	⑫ 西洋菜
⑬ 芋頭	⑭ 蕃薯	⑮ 蓮藕	⑯ 茄子
⑰ 菠菜			

適量 低磷食物（每份66毫克磷質或以下）
肉、家禽、魚類、海產及蛋類（以1安士熟肉計算）

- 新鮮瘦肉（豬／牛／雞／鴨）
  1兩生或1安士熟
- 蛋白2隻
- 海參1兩生或1安士熟
- 蝦4隻

 減少 高磷食物（每份66毫克磷質或以上）
肉、家禽、魚類、海產及蛋類（以1安士熟肉計算）

- 蛋黃、玉子豆腐
- 沙甸魚、鯪魚、魷魚

減少 高磷食物（每份66毫克磷質或以上）
奶及奶製品

- 脫脂／低脂奶／全脂奶（鮮奶、奶粉）
- 淡奶／煉奶
- 乳酪
- 芝士

減少 高磷食物（每份66毫克磷質或以上）
飲品／其他

- 肉湯、骨湯、魚湯、豆湯
- 雞精飲品
- 好立克、阿華田、朱古力飲品、
  麥精飲品、唂咕粉、可樂飲品、
  奶茶、咖啡
- 朱古力、花生醬

積極活好腎病

植物性食物如蔬菜、水果、穀物、果仁及豆類等的磷質較不易被吸收，可按照營養師的建議適量進食。反之，食物添加劑含有的「無機」磷質比天然食物高，所以選購食物時，應多留意食物標籤中列出的成分：

- 文字中含有「磷」("Phos")。
- 食物添加劑編號：338–343、383、450–452、541–542、1410、1412–1414、1442，代表含「無機」磷質。
- 常見含磷質食物添加劑的食品：速食及微波食品、烘焙食品。

例如：

- 冷藏丸／腸／雲吞

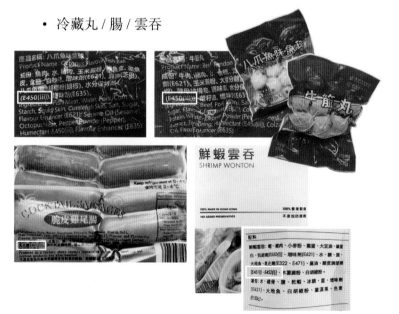

• 包裝蛋糕 / 夾心餅

Lemon Flavoured Sandwich Biscuit 檸檬夾心餅

Ingredients: Wheat Flour, Vegetable Shortening (Palm Oil) (contains emulsifier (propylene glycol esters of fatty acids, mono- and di- glycerides of fatty acids), artificial flavouring, antioxidant (ascorbyl palmitate, mixed tocopherols concentrate)), Sugar, Coconut Oil, Salt (contains anticaking agent (sodium ferrocyanide)), Whole Milk Powder, Leavening/Raising Agent (sodium hydrogen carbonate), Malt Extract, Corn Starch, Concentrated Lemon Juice (contains artificial flavouring (milk)), acidity regulator (citric acid), thickener (pectins, sodium carboxymethyl cellulose, guar gum), preservative (sodium benzoate, potassium sorbate, sodium sulphite), antioxidant (L-ascorbic acid), artificial colour (chlorophyllin copper complexes sodium salt, titanium dioxide)), Emulsifier (soy lecithin), Yeast, Flour Treatment Agent (calcium sulphate, tricalcium phosphate, protease, papain, amylases) (contains stabilizer (starch acetate)), Artificial Flavouring (contains antioxidant (di-α-tocopherol)), Artificial Colour (carotenes).

配料: 小麥粉、植物起酥油 (棕櫚油) (含有乳化劑 (脂肪酸丙二醇酯、脂肪酸一甘油酯和脂肪酸二甘油酯)、人造調味劑、抗氧化劑 (抗壞血酸棕櫚酸酯、混合生育酚濃縮物))、糖、椰子油、鹽 (含有抗結劑 (亞鐵氰化鈉))、全脂奶粉、膨鬆劑 (碳酸氫鈉)、麥芽糖、玉米澱粉、濃縮檸檬汁 (含有人造調味劑 (牛奶))、酸度調節劑 (檸檬酸)、增稠劑 (果膠、羧甲基纖維素鈉、瓜爾膠)、防腐劑 (苯甲酸鈉、山梨酸鉀、亞硫酸鈉)、抗氧化劑 (L-抗壞血酸)、人造色素 (葉綠素銅鈉鹽、二氧化鈦))、乳化劑 (大豆卵磷脂)、酵母、麵粉處理劑 (硫酸鈣、磷酸三鈣、蛋白酶、木瓜酶、澱粉酶) (含有穩定劑 (乙酸澱粉))、人造調味劑 (含有抗氧化劑 (di-α-生育酚))、人造色素 (胡蘿蔔素)。

Produced in a factory where egg, peanut, tree nuts and nut, sesame seed and sesame and celery products are also handled.
生產此食品的廠房亦處理蛋類、花生、木本堅果及果仁、芝麻及芹菜製品。

Malkist 麥芽蘇餅

Ingredients: Wheat Flour, Vegetable Shortening (Palm Oil) (contains emulsifier (propylene glycol esters of fatty acids, mono- and di- glycerides of fatty acids, soy lecithin), artificial flavouring, antioxidant (ascorbyl palmitate, mixed tocopherols concentrate), artificial colour (beta-carotene)), Sugar, Invert Syrup (contains acidity regulator (citric acid, sodium hydrogen carbonate)), Malt Extract, Salt (contains anticaking agent (sodium ferrocyanide)), Leavening/Raising Agent (sodium hydrogen carbonate), Yeast, Flour Treatment Agent (calcium sulphate, tricalcium phosphate, papain, amylases) (contains stabilizer (starch acetate)), Flavour Enhancer (protease).

配料: 小麥粉、植物起酥油 (棕櫚油) (含有乳化劑 (脂肪酸丙二醇酯、脂肪酸一甘油酯和脂肪酸二甘油酯、大豆卵磷脂)、人造調味劑、抗氧化劑 (抗壞血酸棕櫚酸酯、混合生育酚濃縮物)、人造色素 (β-胡蘿蔔素))、糖、轉化糖漿 (含有酸度調節劑 (檸檬酸、碳酸氫鈉))、麥芽糖、鹽 (含有抗結劑 (亞鐵氰化鈉))、膨鬆劑 (碳酸氫鈉)、酵母、麵粉處理劑 (硫酸鈣、磷酸三鈣、木瓜酶、澱粉酶) (含有穩定劑 (乙酸澱粉))、味道增強劑 (蛋白酶)。

Produced in a factory where eggs, peanuts, milk, tree nuts and nut, sesame and sesame seed, celery and their products are also handled.
生產此食品的廠房亦處理蛋類、奶類、木本堅果及果仁、芝麻、芹菜及其製品。

Ingredients: Egg, Sugar, Wheat Flour, Fresh Milk (5.5%), Water, Cocoa Powder, Corn Starch, Colour (150d), Sulphite Ammonia Caramel), Whey Powder, Raising Agent (500) (contains acidity regulator (170)), Salt (contains caking agent (536)), Flavouring, Preservative (202), Acidity Regulator (330). This product contains sulphite.

蛋、糖、小麥粉、萊米注、鮮奶 (5.5%)、水、可可粉、玉米澱粉、色素 (醬色Ⅳ - 亞硫酸銨焦糖色)、乳清粉、膨脹劑 (450) (含有酸度調節劑 (170))、鹽 (含有抗結劑 (536))、調味劑 (202)、酸度調節劑 (330)。此產品含有亞硫酸鹽。

Produced in a factory where soybean products and peanut products are also handled.

• 即沖咖啡 / 包裝豆奶

1+2原味即溶咖啡飲品 (低糖)
1+2 Original Instant Coffee Mix
(Low Sugar)

配料: 奶精 (電離糖漿、全氫化植物油、穩定劑 (340、452))、鈉酪蛋白、研磨咖啡、抗結劑 (170)、玉米糖漿粉、鹽、調味劑、糖、即溶咖啡 (471、472b)、鹽、調味劑、糖、可溶咖啡、玉米糖漿粉 (415)、酸度調節劑 (500)。
致敏物資料: 含奶類製品。可能含有微量含有麩質的穀類製品。

Ingredients: Creamer (glucose syrup, fully hydrogenated vegetable oil, stabilizer (340, 452, 331), sodium caseinate, ground coffee, anti-caking agent (170), corn syrup powder (471, 472b), salt, flavouring), sugar, soluble coffee, corn syrup powder, salt, flavouring, thickener (415), acidity regulator (500).
Allergen Information: Contains milk products. May contain traces of cereals containing gluten.

高鈣原味豆奶
Hi-Calcium

Original Soya Milk

配料: 水、大豆、糖、磷酸三鈣、穩定劑 (460及466)、鹽、維他命 (菸酰胺、乏酸鈣、D、B12、A、B2、B6及B1)。含有大豆。

Ingredients: Water, Whole Soyabeans, Sugar, Tricalcium Phosphate, Stabilizer (460 and 466), Salt, Vitamin (Niacinamide, Calcium-D-Pantothenate, D, B12, A, B2, B6 and B1). Contains Soyabeans.

6. 忌食楊桃

楊桃含有可引致腎病患者神經性中毒的物質，會因腎功能衰退而積聚於血液內。由於腎病患者未能把這些有毒物質分解，導致失眠、肌肉發軟及神志不清，嚴重可引致死亡。

外出用膳菜式的選擇

1. 中式

* 蒸饅頭／銀絲卷
* 瘦肉／雞絲配湯米粉／上海麵／烏冬
* 帶子／雞絲／蝦腸粉（豉油分開上）
* 薑蔥蒸魚（豉油分開上）
* 白切雞
* 白灼蝦、蒜蓉蒸蝦
* 糖醋肉片／雞塊／魚柳
* 青椒炒牛肉
* 青瓜粒炒肉丁／雞柳／肉片
* 免治肉節瓜甫
* 灼菜（免蠔油）
* 三色椒炒蝦球

2. 西式

- 雞蛋 / 燒雞肉 / 燒牛肉三文治
- 牛油 / 果醬多士
- 雜菜沙律（可用米醋、橄欖油、檸檬汁代替沙律醬）
- 肉絲通心粉
- 香草雞扒配意粉
- 洋蔥豬扒飯
- 檸檬汁焗魚柳
- 蜜桃汁拌雞扒 / 豬扒

如果需要限制流質，須注意湯水及飲品的分量。

二、運動及身體鍛鍊[1]

腎病對腎病病人的影響

如果要打破惡性循環，

必須提高自我照顧及活動能力!!

---

[1]　本章內容由沙田威爾斯親王醫院物理治療部撰寫，本書作者謹此致謝。

熱身運動（伸展運動）

- 慢慢伸展，直至有拉扯感覺，停留5秒。
- 放鬆，返回原有動作。
- 重複左右各10次。

積極活好腎病

熱身運動（伸展運動）

- 慢慢伸展，直至有拉扯感覺，停留5秒。
- 放鬆，返回原有動作。
- 重複左右各10次。

帶氧運動

- 要留意呼吸，保持順暢。
- 建立自己的呼吸速率。
- 辛苦程度少於 13。

積極活好腎病

踏單車

上肢負重運動

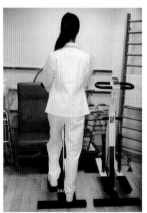

踏步機

步行運動

透析病人新運動指引

國際腹膜透析協會 (ISPD) 在 2022 年提出了新的運動指引。這指引是建基於臨床實證，有助**腹膜透析**患者安全地做運動。

假如你遇上以下的常見問題，歡迎以此為參考，當然最好先向個人醫生查詢。

問： 作為新的腹膜透析病人，是否應該在插入腹膜透析導管後進行運動？如果不該，應該等多久？

答： 無論手術技術如何，步行是安全的，應鼓勵病人在插入導管後盡快開始步行。至於其他明顯會增加腹內壓的活動 (如舉重超過 5 至 10 公斤，仰臥起坐等) 應在手術後至少 4 至 6 週才開始。

問： 腹膜透析病人應先排出洗肚水才做運動嗎？

答： 對於不會明顯增加腹內壓的活動，例如步行、遠足和慢跑，不需要在運動前排出腹膜透析液 (患者因「飽腹感」導致不適除外)。對於一些會明顯增加腹內壓的活動，例如舉重和跳躍等，應在運動前排出腹膜透析液。

家居運動記錄表

日期	熱身運動	上肢運動	下肢運動	帶氧運動	緩和運動

積極活好腎病

總結

　　運動的習慣對身體健康非常重要，適量的運動更有助腎病患者改善體力。如有其他疑問，請與註冊物理治療師聯絡。

三、工作

許多末期腎病患者會對其工作安排和工作能力有很多疑問。我們鼓勵患者與醫護人員及醫務社工商討，在作出任何長期計劃之前，患者應慎重考慮各種選擇。亦不妨從下列各方面評估：

1. 患者的健康狀況及治療效果。
2. 患者的工作種類及其個人技能。
3. 患者的經濟狀況及實際需要。

然後，作出最適合患者的安排。

在腎病患者考慮是否繼續工作時，可以作出以下的選擇：1.繼續工作，2.短暫離職，3.停止工作。

1. 繼續工作

患者可能希望繼續他患病前的工作。有部分患者確實可以；不過對於一些高度體力勞動的職業，病人未必可以勝任。在此情況下，患者亦可考慮轉職，嘗試一些他可以適應的新工作。其實，每個人都有不少潛質；從未擔任的工作並不代表不能勝任。我們見過很多轉職成功的例子；不少腎病患者不但可以從新工作中找到滿足感，亦可以解決經濟和生活的問題。另外，患者也可以和醫護人員商討，他們可能會調整患者的治療計劃，方便患者全職或兼職工作。

2. 短暫離職

如果因為健康狀況欠佳，或仍然在透析治療適應期，而需要短暫停職，患者可以和醫生及僱主商量，作出合適安排。

3. 停止工作

如果經過各方面的考慮和分析，確定患者的健康狀況不適合繼續工作，患者必須和家人商量，計劃停止工作後的經濟安排和生活負擔細節。需要時，請與醫務社工聯絡，安排適合的經濟及生活援助。

四、娛樂及旅遊

參加正常的社交生活和娛樂活動，對患者的健康很有幫助。當患者明白腎病的治療只是他生活的一部分，而生活的各部分是可以互相協調的，患者便可以過著正常和多姿多采的生活。其實，腎病患者不單可以享受各種娛樂，更可以到外地旅遊。

旅遊

如果腎病患者計劃旅遊，他要確定自己有足夠腎科藥物，亦需要帶備一封醫生信，說明自己需要的藥物資料。無論患者是腎臟移植後、血液透析中或是腹膜透析病人，在旅遊前都必須和醫生商討，作出適當的安排。

腎臟移植後的旅行安排

患者服食的抗排斥藥會削弱免疫系統。如果患者前往的國家需要旅遊人士接受預防注射，必須先與腎科醫生聯絡，了解自己是否適合接受預防注射。另外，患者必須了解當地的衛生狀況，以便決定應否到當地旅遊。

血液透析期間的旅行安排

在計劃旅遊時，血液透析病人必須預先聯絡旅遊目的地的血液透析中心，安排他在該處接受治療。

到達目的地後，患者便可以繼續血液透析。這些海外透析中心在接納病人作假期透析前，可能需要他提供一些資料；這些資料會包括患者的透析詳情、藥物資料、病毒測試結果及其他醫療記錄。病人自己亦必須了解在當地接受各種醫療程序的所需費用，以免到時有任何誤解，引致不愉快的情況。在外地進行血液透析時，請明白各地的透析中心會有不同的習慣和工作流程，請與當地透析中心人員合作，與他們禮貌相處。

腹膜透析期間的旅行安排

如果患者正在接受腹膜透析，旅遊會比較容易安排。這種透析方法的其中一個優點是腹膜透析病人可以在任何清潔的地方進行更換透析液的程序。

不過，患者仍然要預先和醫生及透析液供應商安排，確保透析液和透析材料可以及時送到指定的地址，患者最好在旅行出發前最少三個月作出相關安排。

　　雖然，作為香港居民，腹透病人在香港使用腹膜透析液的費用會由香港醫院管理局支付；但是，如果患者在外地使用腹膜透析液，便會和海外血液透析的安排一樣，患者需要自己承擔海外透析液供應商收取的所有費用。假如旅行時間較短，病人也可以自備攜帶透析液出發。

　　總括來說，腎病患者只要在飲食、運動、工作和娛樂各方面配合妥當，他們仍然可以繼續過著正常而且充實的生活。

腎病患者
常用藥物

慢性腎病患者在服用藥物時應加倍小心，
隨著腎臟功能下降，
身體會出現的毛病會愈多，
因此要接受藥物的機會更多。

Philip Li

第15章 腎病患者常用藥物

積極活好腎病

血壓藥

每個人的心臟必須不停跳動(收縮及擴張),才能把血液經動脈血管泵送到身體各處,而我們的血壓值是指動脈血管壁上的壓力,一般會由兩個數字代表,分為上壓(收縮壓)和下壓(舒張壓)。

上壓數字顯示當你的心臟跳動收縮時動脈血管的壓力;下壓的數字則代表心臟跳動間隔休息時血管內的壓力。如果血壓值長期高於標準,不但會加重心臟的負荷,也增加了患上冠心病和中風的機會。

要控制高血壓,當中包括日常飲食習慣,亦不能輕視血壓藥物的重要性,例如藥物的劑量,是否定時用藥,與其他疾病的藥物控制等。慢性腎病患者一般要

服用多於一種血壓藥物才能有效治療高血壓。服食血壓藥物有很多選擇，各人對各種血壓藥物會有個別反應，例如某些藥物特別有效，某一種藥又可能出現不良副作用。因此，醫生可能需要一些時間來確定正確的藥物和適當的劑量，達致最少的副作用而同時有效降低血壓。

雖然一般血壓藥物在適當處方劑量時應是十分溫和，但過度降低血壓可引起頭暈、嗜睡、胸悶或感覺乏力。高血壓病人每天應在相若時間服藥，最好定時量度血壓。

血壓藥物其他的副作用也取決於特定的藥物。例如鈣通道阻滯劑可以引起兩肢腫脹(水腫)及便秘，利尿劑可引起低鈉血症和痛風。

如前所述，慢性腎病者的血壓比一般人較難控制，例如有些病人先用一種藥物但血壓值仍高於160 / 100 mmHg，這種情況下醫生可能會提高原來用藥的劑量，或代以不同的藥物，又或者添加第二樣藥物。一般而言，採用組合的藥物會較單一藥物更有效地治療高血壓，有關的副作用也較少。

患上高血壓的比率

- 香港衞生署2014/15年度人口健康調查顯示，15至84歲人士患有高血壓的比率為27.7%（女性為25.5%，男性為30.1%），其中約一半的參加者在人口健康調查前並不知道自己有高血壓。高血壓的總患病率隨年齡增長而持續升高，比例由15至24歲的4.5%，上升至65至84歲的64.8%。

- 根據美國統計數字，在2018至2019年間，就有接近50萬人的死因直接或間接和高血壓有關。

- 在美國，每100個高血壓患者，只有約27個達到理想的血壓控制。

高血壓：藥物以外

改變生活方式是治療高血壓重要的第一步。當中有四項事情尤其要緊：

- 降低進食鈉鹽的分量。
- 保持體重在理想範圍內。
- 進行規律的帶氧運動。
- 戒煙。

你知道怎樣量度血壓
才算得上準確嗎？

- 量度前30分鐘：避免進食含咖啡因的食物或飲品、抽煙和運動。

- 量度前5分鐘：坐下休息，放鬆心情；如要小便就應該先上洗手間。

- 量度時：保持背靠椅背，纏於手臂的壓脈帶應置於與心臟同一高度，雙腳應自然地踏於地上（切勿「交叉腳」），避免與人交談。

- 量度後：記錄上壓，下壓和脈搏。

- 量度血壓的理想時間通常是早上起床後，或是晚上就寢前。

降磷丸

　　磷酸鹽是一種礦物質，日常許多食物中存有磷質。進食後的磷質，只要在腎功能正常的情況下，多餘的便會由腎臟排出，換言之，維護磷酸鹽平衡這項工作主要靠腎來負責。當腎功能受損時（一般直到腎小球濾過率低於每分鐘30毫升或者腎功能少於三成），排泄磷酸的

便顏色變黑，有時候更會引起腸胃不適及便秘。理想的服用鐵劑方法應空腹進食，如果出現胃部不適，可與食物一起服用。請避免於進食茶、咖啡、乳製品前後一小時服用鐵劑，以免影響吸收。另外，醫生也會考慮以針劑的形式補充鐵質。尤其是血液透析的病人，需要時只要在透析時把鐵劑透過血液輸入體內，此法不但方便，亦可避免口服藥引起的腸胃不適。

適當的時候醫生會為慢性腎病患者處方紅血球生成素（簡稱為「補血針」），隨著科技進步，現在醫生統稱此類藥物為紅血球生成刺激劑（意思是刺激骨髓製造紅血球藥物），當中包括紅血球生成素和持續性紅血球生成素接受器活化劑，為了方便起見，此處泛稱這兩種藥物為紅血球生成素。這多種藥物可每一至四週給予一次，代替原本身體製造的紅血球生成素，促進紅血球的數目，從而避免輸血。事實上這類藥物的最大吸引力正是它們大大減少輸血的需要，也就是說減低了輸血相關併發症的風險。

紅血球生成素可由皮下給予注射，病人通常自行注射，血液透析患者也可以在透析過程後接受藥物治療。市場上多種紅血球生成素都必須冷藏（請依照藥物標籤指示存放雪櫃內，唯不用貯於冰格），但假如雪櫃只是短暫性的停電，這是不會影響到紅血球生成素藥效的。

請謹記，紅血球生成素不能代替透析，意即它不會逆轉腎衰竭。另外，紅血球生成素其中一個副作用

是高血壓，遇上這情況，醫生可以指示病人改變紅血球生成素的劑量或增加降血壓的藥物。對有腎病的人來說，紅血球生成素的劑量不一定人人相同，更不是愈高愈好。雖然矯正貧血可大幅改善病人生活素質，但醫生不贊同將血紅素值提升至正常值，因為這樣會增加血栓塞及中風機率，得不償失。

另外，最新研究對於口服缺氧誘導因子(HIF)穩定劑可以有效提高慢性腎病患者，包括透析患者及非透析患者的血紅蛋白水平。HIF穩定劑恢復促進紅血球生成素的產生，並通過降低鐵調素水平來改善鐵代謝，作為一種新開發的藥物，仍有很多臨床研究正在進行。

什麼是「不寧腿綜合症」

這是一種困擾慢性腎病患者的癥狀，又稱睡眠腿動症。

當患者放鬆休息或者嘗試入睡的時候，會出現令人不快的腿部感覺，有時候像搔癢卻抓不到，又或者像螞蟻在爬甚至感到疼痛，也有一些病人會出現週期性腿部抽動。

假如腎病患者有缺鐵性貧血，可以透過針質補充從而改善不寧腿綜合症。此外，運動也可以幫助紓緩此類癥狀。當然，透析患者最好的治療是得到腎移植，藉此治癒不寧腿綜合症。

顯影劑

臨床上顯影檢查使用含碘顯影劑日漸增加，較常見的檢查包括心臟血管造影和電腦掃瞄，當中要注射動脈或靜脈顯影劑，腎病患者應對顯影劑這種藥物加深認識。原因是含碘顯影劑可以引起不同程度的急性腎損傷，高危的病人（見表）尤其要多加小心，應與醫生商討顯影劑的需要性。

一般來說，醫生會根據病人的腎功能，考慮在注射顯影劑前輸液（俗稱「吊鹽水」）來減低急性腎損傷的機會；同時病人應補充足夠體液。有些時候醫生甚至會改用其他造影方法或不注射含碘顯影劑。

除了一般掃瞄用的含碘顯影劑，核磁共振掃瞄會採用含有釓（Gadolinium）成分顯影劑的藥品。這類型的顯影劑雖不會直接損害腎臟，但卻潛藏著另一個嚴重的併發症——腎因性全身纖維化病變。美國食品藥物管理局證實此病會引起類似硬皮症的皮膚纖維化，同時合併心、肺、肝、肌肉等全身器官的纖維化，患上嚴重腎臟疾病患者會特別容易出現此項纖維化病變，而且目前治療方法未明。

因此，當病人腎小球過濾率低於每分鐘30毫升（或者腎功能少於三成）時，醫生會盡可能避免使用含釓的核磁共振顯影劑，或考慮其他類型的映像掃瞄。假如醫生認為必須使用時，也應該選第二或第三組別的含釓核磁

共振顯影劑，因為使用這兩類型的顯影劑後病發的機會
明顯較低。

含碘顯影劑造成
腎毒性的風險

高危的情況包括：

- 慢性腎病患者。

- 糖尿腎病患者。

- 嚴重心臟衰竭或其他引起腎臟血流量不足的病。

- 高劑量含碘造影劑。

- 採用第一代高張性離子型造影劑。

- 老年人。

服用藥物應小心之事項

　　慢性腎病患者在服用藥物時應加倍小心，事實上，
隨著腎臟功能下降，身體出現的毛病會愈多，因此要接
受藥物的機會更多。平均來說，慢性腎臟疾病患者每天

至少服用七種不同的藥物，雖然這些藥物很重要，病者相比其他人會出現更多副作用，機會視乎藥物的數量、患者的年齡、腎功能惡化程度以及其他的醫療狀況。

其中有些藥物是不適合慢性腎病患者長期服用的，例如腎病患者較易患上痛風。由於非類固醇類抗發炎藥物 (NSAID) 對治療關節炎症疼痛非常有效，許多急性痛風止痛藥可能含有非類固醇類抗發炎藥物，可是進食非類固醇類消炎藥會減少腎血流，使腎功能減弱，也可能導致高鉀血症。

許多藥物的清除有賴於足夠的腎功能才可迅速排出體外。當腎功能下降時，這些藥物的清除率自會減慢下來。換句話說，這些藥物的劑量需要仔細調整才能配合腎功能受損的患者。例如用於治療唇疱疹或帶狀疱疹(俗稱為「生蛇」)的藥物要根據患者的腎臟功能來計算劑量，不然可能過量積聚於身體引起不良副作用，導致患者精神錯亂。其他例子包括抗凝血劑、抗生素、止痛藥等。

如果你有慢性腎病的話，在開始服食任何新的藥物前，請謹記告訴你的藥劑師和醫生你的腎功能，詢問新藥物是否對腎臟安全。當醫生處方藥物給慢性腎病患者時，除了會注意患者是否有藥物過敏及其他疾病外，還會注意藥物是否對腎臟有損害、對腎病病情會否有影響以及藥物之間的相互作用，從而因應個別情況而調整藥物劑量，選擇對腎臟影響較小的藥物，並且定期監測

患者的腎臟功能。慢性腎病患者切勿在未諮詢醫生意
見的情況下自行購買藥物服用。

腎病與中醫治療

透過中西醫的緊密合作，
可減少中西藥並用可能出現的副作用，
從而提高整體治療成效和安全性。

Philip Li

第16章 腎病與中醫治療[＊]

積極活好腎病

　　有部分患有慢性腎病的病人，或許曾經想過接受中醫藥治療來改善他們的病況，但同時又擔心服用中藥不宜，可能會出現副作用，令病情惡化。他們心裏亦有不少有關腎病病人服用中藥的疑問，筆者嘗試以從事中西醫結合治療積累的經驗，來解答他們心中的疑問。

問：　患有慢性腎病以致正接受透析治療的病人，可以服用中藥嗎？

答：　患有慢性腎病以致正接受透析治療的病人，原則上都可以服用中藥。但由於這些病人的腎功能

＊　　本章內容由東華醫院腎科雷聲亮醫生協助編寫，謹此致謝。

較差，而且他們大都正在服用西藥，因此他們服用中藥時，可能較易出現高血鉀或中西藥物相互影響的情況，所以有些地方要特別留意。

問： 正接受西醫治療的慢性腎病病人，為什麼還要接受中醫藥治療呢？

答： 雖然現今醫學昌明，但西醫治療慢性腎病的效果仍有不足之處。一些慢性腎病病人，即使接受了西醫西藥治療，他們的腎功能仍會持續下降，而他們的一些病徵和病狀如食慾不振、疲倦乏力、便秘和痕癢等，也未能得到足夠的紓緩。此外有些慢性腎病病人，承受不了一些西藥如類固醇引起的副作用。中醫藥博大精深，源遠流長，結合中西醫藥治療，或可互補長短，提高整體治療成效。

問： 慢性腎病病人接受中醫藥治療，預期可以達到什麼療效呢？

答： 慢性腎病病人接受適當的中醫藥治療，或可以穩定或減慢腎功能衰退的速度，紓緩一些西藥療效不太理想的病徵和病狀，以及減輕服用某些西藥如類固醇引起的副作用。除此以外，正進行腹膜透析的病人，中醫藥治療或有助保存他們的殘餘腎功能。

問：　慢性腎病病人服用中藥，可能會出現什麼副作用呢？

答：　慢性腎病病人服用中藥，可能出現的副作用有噁心、嘔吐、腹痛、腹瀉和高血鉀等。此外，一些中藥和西藥同時使用，可能會引起中西藥的交互作用，例如人參、當歸或丹參等中藥和抗凝血劑華法林 (warfarin) 一起服用，會增加病人出血的風險。個別病人也可能會對某些中草藥出現過敏反應，如皮膚痕癢和出疹等。有少數中藥本身是有腎毒性的，如含馬兜鈴酸 (Aristolochic Acid) 的關木通、廣防己和尋骨風等。不過這些含馬兜鈴酸的中藥材，現時在香港已經是被禁止使用的。

問：　哪些慢性腎病病人較適合接受中醫治療呢？

答：　總體而言，患有早、中期慢性腎病以及患有末期腎病，並已開始接受腹膜透析治療，而且沒有出現高血鉀或嚴重水腫的病人，均較適合接受中醫治療。

問：　患有末期腎病並按西醫建議須開始透析治療的病人，可以服用中藥來避免透析治療嗎？

答：　不可以。末期腎病病人的腎組織大部分已經損壞，不可能透過服用中藥來復原。這些病人應

積極活好腎病

先按西醫建議開始透析治療，往後再考慮服用中藥來調理身體。

問： 還有哪些慢性腎病病人不適合接受中醫藥治療呢？

答： 那些有高血鉀或嚴重水腫的慢性腎病病人，對中草藥有過敏病史以及正服用某些可能和中藥出現嚴重交互作用西藥的病人，都不適合接受中醫治療。

問： 慢性腎病病人如欲接受中醫治療，應如何選擇中醫師呢？

答： 由於慢性腎病病人的病情一般比較複雜，所以病人如欲接受中醫治療，最好找一位富有經驗、專長醫治腎病以及有一定西醫基礎，可以和西醫互相溝通的中醫師。

問： 腎病病人服用中藥，可以有什麼選擇呢？

答： 腎病病人服用中藥，一般可以選擇傳統中草藥材自行在家煎煮，也可以選擇代煎中藥湯劑或免煎中藥顆粒及粉劑。

問： 腎病病人服用中藥，有什麼地方要注意呢？

答： 腎病病人服用中藥，除了要選擇一位合適的中醫師外，還有幾點要注意的：第一，由於市面上售

賣的中藥材質素比較參差，因此病人應選擇信譽良好的中藥材供應商，以確保中藥材的質素。第二，為減少中西藥交互作用的機會，服用中藥的時間，應和服用西藥的時間，相隔二至三個小時。第三，服用中藥的腎病病人，在食物鉀質攝取量和水分飲用量方面，要作適當的調節。最後，病人對於中醫藥治療的效果，要有合理期望，並願意有恆心地接受治療。

問： 何謂中西醫結合治療呢？

答： 有些慢性腎病病人除了接受西醫治療外，也有看中醫和服用中藥，但西醫和中醫各自運作，彼此之間沒有溝通，因而可能會影響整體療效和安全性。筆者認為，所謂中西醫結合治療，就是由腎科醫生和專長腎科的中醫師，以會診模式，共同診治病人，並定時進行西醫的常規檢驗，包括驗血常規、肝腎功能和驗尿蛋白等，以監察中西醫藥共用的療效和可能出現的副作用。

問： 中西醫結合治療有什麼好處呢？

答： 中西醫結合治療的好處在於西醫和中醫師之間可以直接溝通，就病人的病況、檢驗報告和用藥資料，進行討論。並按病人的病況，共同制定治療方案。隨後根據病人的病情進展，調節治療

方案。透過中西醫的緊密合作，可減少中西藥並用可能出現的副作用，如電解質失衡和中西藥物間交互作用等問題，從而提高整體治療成效和安全性。

17

流行病與腎病患者

疫苗往往在腎病病程的早期最有效，
並且更有可能在移植和免疫抑制之前提供保護。

Philip Li

第17章 流行病與腎病患者

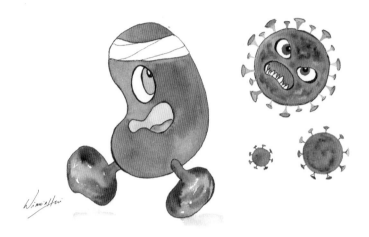

積極活好腎病

　　慢性腎病患者感染流行病出現併發症不容忽視。

　　慢性腎病患者抵抗力比一般人低，假如腎病是因糖尿病引起情況更甚。根據本地及外國醫學文獻，腎病患者一旦受細菌或病毒感染，出現嚴重併發症比一般人高三至四倍。

　　回顧2019冠狀病毒病肆虐，引起全球大流行，慢性腎病患者往醫院覆診和檢查也是誠惶誠恐、戰戰兢兢。根據世界各地受2019冠狀病毒感染腎病患者的分析，病毒感染個案的死亡率高達兩成至三成，遠高於普羅大眾。換句話說，每三至五名慢性腎病患者受感染便有一個人喪命，試想一下，有什麼流行病可以引起如此高的風險？

問題是，患腎病的病人可以對付流行疫症嗎？現在要抗疫，除了感染控制措施（包括正確佩戴外科手術口罩，保持個人衞生及遵從社交距離措施以外），最有效的方法是接種疫苗。

　　要認識疫苗的保護作用和是否適合腎病患者使用，我們可以從多方面進行分析。

　　首先，我們要認識疫苗的種類。要清楚該疫苗有否活性：

	減活性疫苗	減活性疫苗 又稱不活化疫苗
特徵	含有致病性被削弱的病原體（減毒病原體、弱化病原體）的疫苗	疫苗使用高溫或化學物質殺死的病原體
性質	病原體在毒性降低的同時，依然有活性，也就是並未被殺死	接種者不會因接種被減活（殺死）疫苗而演變成感染真的病毒病 接種劑量較大（所以會有可能使用多於一針）
例子	麻疹疫苗 鼻內流感疫苗	中國科興冠狀病毒疫苗 乙肝疫苗 減活流感疫苗
哪些腎病患者不適宜接種	免疫系統嚴重受抑制的病人（包括他們的緊密接觸者和照顧者），例如使用抗排斥藥物的腎移植病人	除非對疫苗出現嚴重過敏反應，一般腎病患者均適合

舉例說明，用於2019冠狀病毒病的疫苗不是減活性疫苗，換句話說，慢性腎病患者（包括使用免疫抑制的腎移植病人及系統性紅斑狼瘡病者）也可以接受2019冠狀病毒病疫苗，並不會因接種疫苗而演變成感染真的冠狀病毒病。

　　要更加深入了解2019冠狀病毒病的疫苗，除減活性疫苗以外，其他疫苗技術包括信使核糖核酸 mRNA（例如復必泰疫苗）及病毒載體技術（例如由阿斯利康及牛津大學研發的病毒病疫苗），當中關於疫苗有效性的科學數據主要來自復必泰疫苗。當然，在疫苗的隨機對照試驗研究中，腎移植病人大都未有被邀請參與，這意味著有關腎移植患者接受疫苗的好處均來自真實世界的數據。事實上，器官移植病人對接種疫苗產生的保護作用和持續時間，會比一般人低。故此會建議免疫功能較低的患者（包括腎臟移植病人）接種額外的第三劑信使核糖核酸疫苗，而不是兩劑系列，用以提高疫苗的保護力（至於往後再接種第四劑加強劑以預防感染則再作別論）。正輪候腎臟移植者（洗腎或透析病人）應抓緊時機，在器官衰竭前盡早接種疫苗，以減低感染的機會。與此同時，我們亦建議腎臟移植者或透析病人的家人接種疫苗，以減低交叉傳染的機會。

　　這種接種疫苗的策略在其他傳染病一樣重要：疫苗往往在腎病病程的早期最有效，並且更有可能在移植和免疫抑制之前提供保護，例如乙型肝炎病毒疫苗接種的成效和腎病的嚴重性有密切關係。慢性腎病患者愈早接

種，愈有產生保護乙肝抗體的成效，要是進入透析階段才開始接種疫苗，很多時候要加強劑量及接種疫苗次數。

同一道理，要接種預防帶狀皰疹(又稱「生蛇」)的疫苗，如果病者在透析開始後首兩年內接種，相比移植後接種，疫苗保護效果更好，事半功倍。一般而言，這種帶狀皰疹的疫苗不太可能在移植後的第一年和更強烈的免疫抑制期間提供保護；如果在這些時間接種疫苗，一旦患者的免疫抑制減輕，重複接種疫苗可能有助於提供更好的保護。當然，要預防帶狀皰疹的腎病患者應接種重組佐劑(非活)帶狀皰疹疫苗，而不是減活性病毒疫苗。

最後，不得不提季節性流感疫苗。流行性感冒是流感病毒所引起的急性呼吸道疾病，該病的傳染途徑主要經由感染者呼吸道(例如咳嗽或打噴嚏)之飛沫傳染給其他人。此外，流感病毒也可以在低溫的環境中存活數小時，從而經由接觸傳染。由於長者或慢性腎病患者屬於高危險群組，可釀成嚴重併發症甚至導致死亡，[1] 所有腎病患者每年都要接種疫苗。加上流感病毒傳染力強，疫苗可以給予群組保護作用。季節性流感疫苗的成分每年會根據流行的病毒株而更新，以加強保護，在上一季度接種疫苗後建立的免疫力會隨著時間降低，在下一季度可能會降至沒有保護作用的水平，換言之，腎病患者要謹記每年接種季節性流感疫苗。

---

[1]　甲型 H1N1 流感病毒 (豬流感) 大流行的數據分析證實，腎病透析患者感染豬流感的死亡率和住院率比一般人高十倍。

18

病友心聲

希望讀者從病友的文字，
了解到腎病病人的心路歷程；
另外亦希望提醒各位同事：
聆聽，有時也可以是治病的良藥。

Philip Li

第18章 病友心聲

前言

　　相信每一位曾經來過公立醫院門診的病人，都體驗過候診時間如何「漫長」。在短短的5至10分鐘診症時間內，醫生要問症，幫病人檢查，翻看抽血報告，處方藥物……往往忽略了的便是病人感受。初期的腎病無聲無息，但可能會逐步演變成慢性腎病。不少病人面對「洗腎」的抉擇，不免會感到徬徨和無助。在此章，編者節錄了幾位病友的心聲，希望讀者透過文字了解到腎病病人的心路歷程；另外亦希望提醒各位同事：聆聽，有時也可以是治病的良藥。

洗腎感言　浩維

　　一直以來我除了高血壓，身體沒有其他毛病。2014年得知自己罹患腎衰竭，心情低落及煩慮。幸得威院醫護人員專業悉心的治療，我住了一個多月醫院後便出院。回家後我擔心自己已經80歲，能否學懂洗腎程序，又怕洗腎會影響日常生活。原來是我過慮了，因為每當遇到與洗腎有關的問題時，威院醫護人員均盡心解答及指導，我亦遵從醫護人員的建議及鼓勵：生活及飲食上有條不紊，食不過飽，保持營養均衡，定時在家中進行每天三次腹膜透析及定期覆診，漸漸習以為常，增強了生命鬥志。每到威院覆診時遇上熟悉的面孔，都和我一樣，本著無懼的心情，積極接受治療。

　　如今我已是87歲高齡，除了對威院醫護人員有說不盡的多謝外，亦希望在此分享自己的經歷，鼓勵其他罹患腎衰竭的病友勇敢接受治療。

編者的話：

　　浩維在確診晚期腎病時，已屆80之齡。經過與醫護人員多番的商量和溝通，以及在家人的支持之下，浩維勇敢踏上了「洗腎之路」。歷經七個寒暑，可幸浩維仍能積極樂觀地面對腎病。尚記得當年他還在擔心洗腎後難以抽空照顧孫兒，相信他們現在已茁壯成長，可以協助照顧爺爺呢！（有關長者面對晚期腎病的選擇，可參看第10章〈年長腎病患者〉頁89–95。）

不要灰心　淑芬

　　我在1987年1月確診腎小球炎，之後一直利用藥物控制病情；直至2006年11月成為洗腎病人，起初是洗肚，後來轉洗血。

　　在洗肚階段時，我要每天早午晚各做三次，可惜洗三次的效果未如理想，因此要多加一次(即每日四次)。無奈效果仍是未如理想，故此在2013年開始接受洗血治療。那時，我開始每星期要三次到醫院洗血，每次都需要一晝的時間。雖然與洗肚相比沒有那麼「困身」(每星期會有幾天不用透析的日子)，但洗血對飲食控制卻嚴格得多，連想多喝一杯水也要計算一番。

　　洗腎當然對生活有一定不便，但不是人生盡頭，而是需要重新安排時間、習慣和生活模式。只要好好戒口，定期運動，配合治療安排，洗腎病人也可活得很好。

　　不要灰心，願主賜福！

編者的話：

　　編者與淑芬除了是醫生和病人的關係，其實還曾是居於同一屋苑的「隔離鄰舍」！破曉時分從家裏步行回醫院上班，偶而遇上淑芬也趕著回洗血中心「早更」洗血，實在對她(以及其他腎友)心生敬意。畢竟患上腎病後身體不如以前，要堅持每週定期到洗血中心接受治療實

積極活好腎病

編者的話：

　　Thomas是早年我們轉介到大埔那打素醫院的家居洗血病人。字裏行間，我想大家也感受到Thomas的「正能量」。更難能可貴的是在這十多年間，病人和醫生之間建立了互相信任的關係，這樣治療效果也能事半功倍呢！自從Thomas進行家居洗血以後，轉往另一間醫院覆診，每年編者依然收到Thomas親手寫的聖誕咭。編者深信這是醫護人員最喜歡的禮物。

其他常見問題

Philip Li

第19章 其他常見問題

積極活好腎病

問： 洗腎會否出現併發症或後遺症？

答： 任何治療都可能會引起併發症，所以洗腎也不會
例外。但是，洗腎的併發症大都可以預防或治
理。所以，不必害怕。

　　例如，洗肚最常見的併發症是腹膜炎。產
生腹膜炎的最主要原因是在接駁喉管或換水過程
不小心而導致細菌進入腹膜。因而病人會出現
發燒、肚痛和水濁等癥狀。但是，腹膜炎通常
都可以治癒。只要我們用心學習，換水時每個
步驟都小心處理，腹膜炎的機會便可以減至最
低。所以，不應因為害怕腹膜炎或其他併發症
而拒絕接受洗腎治療。

問： 腎病會否遺傳給下一代？

答： 大部分的腎病都不會遺傳給下一代。而當患有腎病時而生產的孩子，亦不會將腎病傳給他們。但是有少數的腎病是遺傳性的，例如多囊腎便是其中一種。患有這類疾病的病人，他們將這病症遺傳給下一代的機會大概是五成。所以，應該遵照醫生的吩咐，在適當的時候為子女進行身體檢查，及早治理。

問： 腎病對懷孕會有影響嗎？

答： 對於男性的腎病患者，他們的生育能力基本上是可以保持的。

　　但是對於女性的腎病患者，很多都有停經或經期減少的現象。所以她們一般都較難成孕。就算可以成功懷孕，大部分會以流產告終。但是經過一些很小心和適當的治理，亦有可能產下正常的小孩。所以，大家如果不想要小孩，一定要避孕。

問： 洗血或洗肚可否根治腎病？

答： 洗血或洗肚都不能根治腎病。洗腎的作用是將體內的毒素及積聚的水分清除。當停止洗腎時，毒素及水分便會再次積聚在身體裏面。所以，洗血和洗肚都絕對不能根治腎病。

如果病者或家人要進一步了解自己或其家人的個別情況，請向主診醫生查詢。

問： 我不吸煙、不喝酒、亦沒有任何不良嗜好。為什麼我會有腎病？

答： 引發腎病的原因很多，最常見的原因有：

- 糖尿病。
- 腎小球腎炎。
- 高血壓。
- 多囊腎。
- 自身免疫系統疾病，如紅斑狼瘡。
- 阻塞性泌尿系統疾病。
- 不適當使用藥物。

不過，亦有一些腎病是不明原因所導致。事實上，不單腎病，有很多其他疾病都可以是由不明原因引起。

良好的生活習慣的確可以防止部分疾病的發生或惡化，因此我們必須維持良好的生活方式。然而，當發現患上腎病時，最重要的是盡快開始接受適當治療。腎病並非絕症，所以腎病患者在接受適當治療後，是可以過著相當正常的生活。

問： 我有嚴重腎病。我還可以相信自己能活得充實和愉快嗎？

答： 只要我們抱持活得快樂的信念，便能活得快樂。這就如我們在生命旅途上遇到其他困難一樣，是我們對事物的看法，而不是事件本身決定了它對我們的影響程度。不要將疾病看成生命的全部，疾病只是我們生活中的一個環節（並請參閱第18章病友心聲）。

其他常見問題

詞彙

Philip Li

第20章 詞彙

反流性腎病（reflux nephropathy）

一種由於尿液逆流入腎臟令腎臟受損的慢性病。正常的尿液應從每個腎臟通過輸尿管進入膀胱，當膀胱滿了便會將尿液送到尿道。但有些人的尿液回流到腎臟，這就是所謂的膀胱輸尿管反流，久而久之，會損壞腎臟。其他引起反流性腎病的情況，包括膀胱出口梗阻（例如男性前列腺增大）、神經源性膀胱（例如脊髓損傷的神經系統病）等。

血液透析（haemodialysis）

較多人稱為「洗血」，血液透析的主角是人工腎臟。人工腎臟由多根微小的空心纖維製成，可將流經的血液消除尿毒素和多餘的水分。

血管緊張素轉換酶抑制劑（ACEI）和
血管緊張素受體阻斷劑（ARB）

這兩種都是同時可減少蛋白尿和延緩腎病的血壓藥物。
它們能有效糾正腎臟局部血流動力學異常，醫生常稱為
保腎藥或補腎藥。

肌酸酐（creatinine）

身體的一種代謝產品，肌酸酐在血液中的濃度（十進制
單位為 μmol/L，美式單位為 mg/dL；如果要從美式單位
轉為十進制單位，請將肌酸酐數值乘以 88.4。）可用來
衡量腎臟功能的好壞。正常人的肌酸酐一般來說少於
100μmol/L，肌酸酐愈高代表腎功能愈弱；然而，肌酸
酐的水平有時也會受一些與腎功能無關的因素影響，例
如年齡、肌肉含量、飲食習慣（如蛋白質的攝取）。

多囊腎（polycystic kidney disease）

比較專業的名稱為常染色體顯性多囊腎病，是最常見
的遺傳性腎臟疾病。多囊腎是由一個或多個基因的突
變，導致腎臟出現許多充滿液體的囊腫。這些囊腫會
不斷生長和增大，繼而取代正常健康腎臟組織，令腎
臟失去它們的功能。但不是每個多囊腎患者都會發展
到腎功能衰竭，有些人可能永遠不會有任何問題，或
不知道自己有病。如想多了解此病，可參閱第 13 章（頁
119–122）。

利尿藥（diuretics）

俗稱「去水丸」，有助慢性腎病患者增加小便量，應在早上服用，以免晚上頻頻排尿影響睡眠。

尿素（urea）

蛋白質代謝後的主要產品，經由腎臟排泄，所以測試血液中尿素的濃度也可以用來評估腎臟的功能。

疝（hernia）

俗稱「小腸氣」，造成原因是腹腔壁在某些地方有弱點，導致體腔內任何器官自腹腔壁凸出。患者可能發現腹部有隆起，常見的位置在腹股溝、臍或手術切口。除了慢性咳嗽者，腹膜透析患者和多囊腎患者會較易出現疝氣，可以靠手術修補。

肺水腫（pulmonary oedema）

又稱肺積水，意指多餘的液體或水分留在肺部，引起呼吸困難。在大多數情況下，心臟問題和腎病可引起肺水腫。

非類固醇類抗發炎藥物（NSAID）

是常用的抗炎藥物，能有效減輕疼痛，相類似的藥物是環氧合酶–2（COX-2）抑制劑。兩者皆可能損傷胃壁，增加心臟疾病的風險，減少腎血流而削弱腎功能，也可能導致高鉀血症。（常用例子可參考第2章，頁11）

紅血球生成素（erythropoietin / erythropoiesis-stimulating agent）

簡稱「補血針」，較新的統稱此為紅血球生成刺激劑，泛指刺激骨髓製造紅血球的藥物，目的是促進紅血球的數目，從而避免輸血。

冠狀動脈疾病（coronary artery disease）

又稱冠心病，是最常見的心臟疾病，是指供應血液到心臟肌肉的動脈（冠狀動脈）出現硬化和收窄。一般是由於膽固醇和其他物質於動脈內壁上積累形成冠心病，這種現象稱為動脈粥樣硬化。

洗腎（dialysis）

正確的名稱是「透析」，當腎臟功能無法正常代謝廢物時，便可能要借助外力。透析就是用來替代原本腎臟的功能，透析簡單可分為「血液透析」和「腹膜透析」兩種。

高血壓（hypertension）

正常的血壓值應為上壓（收縮壓）低於 140 mmHg 和下壓（舒張壓）低於 90 mmHg。高血壓可以加重心臟工作負荷，也可以破壞血管，而這些血管要輸送血液到身體所有器官（包括腎臟、心臟和大腦），受損的血管可導致這些器官的血流量不足。慢性腎病病人血壓應維持在 130/80 以下。

鉀質（potassium）

屬於身體所需的電解質，人體大部分的鉀質會儲存於細胞內，血液中的鉀含量需要維持於正常值範圍內。高鉀症是指血液鉀含量過高（多於 5.1 mmol/L），嚴重的情況會引致心律不正問題，而這些問題特別容易發生在慢性腎病患者身上。

腹膜透析（peritoneal dialysis）

較多人稱為「洗肚」，腹膜透析的主角是人體自身的半透腹膜。此項透析可於病人家中（可在白天或晚上）進行，患者利用導管注入透析液，透析液於腹腔內執行毒素和水分的交換，達到減少廢物和過多水分的目的。

慢性腎病（chronic kidney disease, CKD）

指腎臟功能不全的情況超過三個月。腎臟功能不全可包括腎小球過濾率下降、小便呈不正常的蛋白尿現象、腎組織檢查或者掃瞄檢查表示腎臟受傷。

糖尿病（diabetes）

是指沒有足夠的胰島素或身體不能正常使用胰島素，最常用的診斷是靠空腹血糖檢驗（血糖值高於 7.0 mmol/L）。其他方法包括傳統的口服葡萄糖耐量測試（服下 75 克葡萄糖後 2 小時抽血檢驗）和糖化血紅蛋白測試（高於 6.5%）。

磷質（phosphate）

屬於人體中的礦物質，血液中的磷質濃度可由健康的腎臟來調節，所以腎病患者體內容易積存磷質，不宜進食過高磷質的食物。高血磷是影響腎病患者死亡率的重大關鍵，嚴重的話可以造成心血管鈣化，大大增加心血管死亡率。

鐵劑（iron）

鐵劑可幫助身體製造紅血球，有時候慢性腎病患者需要較多的鐵質來改善貧血情況。鐵劑藥物可口服或經靜脈注射。

詞彙

21

其他有用資料

第21章 其他有用資料

積極活好腎病

香港

醫院管理局「智友站」
http://www21.ha.org.hk/smartpatient/

器官捐贈
http://www.organdonation.gov.hk/

食物及衛生局
http://www.fhb.gov.hk/

勞工及福利局
http://www.lwb.gov.hk/

衛生署
http://www.info.gov.hk/dh/

社會福利署
http://www.swd.gov.hk/

香港腎科學會
http://www.hksn.org/

香港移植學會
http://www.hkst.org/

香港腎臟基金會
http://www.hkkf.org.hk/

香港復康會
http://www.rehabsociety.org.hk/

其他有用資料

國際

National Kidney Disease Education Program
http://www.nkdep.nih.gov/

American Association of Kidney Patients
http://www.aakp.org/

Kidney Patient Guide
http://www.kidneypatientguide.org.uk/

Kidney School
http://www.kidneyschool.org/

National Kidney Foundation
http://www.kidney.org/

International Society of Nephrology
http://www.theisn.org/

International Society for Peritoneal Dialysis
http://www.ispd.org/

International Federation of Kidney Foundations–World
Kidney Alliance
https://ifkf.org/

積極活好腎病

出版《積極活好腎病》，是希望透過本書讓公眾、病人及其家屬對腎病有更深入的了解，亦希望因而增強腎友的自助能力及加強社會人士對腎友的支持。

香港中文大學余宇康及余雷覺雲腹膜透析研究中心致力研究預防及醫治腎病，令更多腎病患者得益。如蒙惠贈，捐款將用作研究腎病的基金。請聯絡威爾斯親王醫院香港中文大學余宇康及余雷覺雲腹膜透析研究中心。

電話：(+852) 3505 2984 / 3505 3528

支票抬頭：「香港中文大學」